环保行动系列丛书

生活垃圾分类
快速入门与习惯养成

韩 丹 主 编
秦玉坤 赵由才 副主编

SHENGHUO
LAJI FENLEI
KUAISU RUMEN
YU
XIGUAN
YANGCHENG

全国百佳图书出版单位

化学工业出版社

·北京·

本书共分为4章，在概括垃圾分类的基本知识、标准规范、发展历程和环境危害，国外垃圾分类历史经验和国内垃圾分类探索的基础上，详细介绍了生活垃圾分类中政府的角色、企业如何运营垃圾分类和市民应如何做好垃圾分类等内容。

本书是"环保行动系列丛书"中的一分册，内容全面丰富、通俗易懂，既适合广大中小学生、垃圾分类从业人员、社区管理和工作人员作为常识来了解，也能为大专院校以及相关行业的研究人员提供重要参考。

图书在版编目（CIP）数据

生活垃圾分类快速入门与习惯养成 / 韩丹主编． —北京：化学工业出版社，2020.5
（环保行动系列丛书）
ISBN 978-7-122-36330-5

Ⅰ.①生… Ⅱ.①韩… Ⅲ.①生活废物-垃圾处理 Ⅳ.①X799.305

中国版本图书馆CIP数据核字（2020）第034244号

责任编辑：刘兰妹　刘兴春　　　　　　　　　　装帧设计：史利平
责任校对：边　涛

出版发行：化学工业出版社（北京市东城区青年湖南街13号　邮政编码100011）
印　　装：北京缤索印刷有限公司
710mm×1000mm　1/16　印张13　字数179千字　2020年7月北京第1版第1次印刷

购书咨询：010-64518888　　　　　　　　　　售后服务：010-64518899
网　　址：http://www.cip.com.cn
凡购买本书，如有缺损质量问题，本社销售中心负责调换。

定　　价：58.00元　　　　　　　　　　　　　版权所有　违者必究

前言

　　由于人们在生活中很难对使用的物品百分之百利用,所以有人的地方就会产生垃圾。据研究,全球生活垃圾每天的产生量已经超过了700万吨。和其他国家类似,高速发展的中国由于人口众多,正遭遇着更为强烈的"垃圾围城"之痛。进行生活垃圾分类不仅有利于垃圾源头减量,更有利于后端资源化,对于我国履行环境保护的基本国策意义重大。

　　我国多年前就进行了生活垃圾分类的探索,从2000年开始,国家有关部门确定了北京、上海、广州、南京、深圳、杭州、厦门和桂林8个城市为第一批垃圾分类收集试点城市,到2017年确定直辖市、省会城市、计划单列市等46个城市为强制垃圾分类重点城市。这么多年以来,从中央到地方由上而下的推动已经让中国多数城市逐步完善了各类垃圾分类相关政策法规。另外,很多环保企业通过研发先进技术装备也加速推进了生活垃圾分类源头减量的实施。尤其是各个城市通过逐步完善分类收运和末端处理技术,使垃圾分类得以实现。但是,实际上我们发现周围人们垃圾分类的效果并不好,为什么会出现这种情况呢?我们要承认,大家还没有养成垃圾分类的习惯,这是阻碍垃圾分类工作快速推进最为关键的因素。所以,在完善生活垃圾各阶段设备和技术的同时,改变人们的传统习惯,营造全社会参与垃圾分类的氛围至关重要。

　　《生活垃圾分类快速入门与习惯养成》共分为4章,第1章各小节以提问的方式引起读者注意,通过简单易懂的回答介绍了生活垃圾分类的基本知识、标准规范、发展历程和环境危害,然后介绍了国外榜样先锋国家如日本、美国、德国在垃圾分类领域的历史经验，进一步分析了国外垃圾分类的可借鉴之处，然后介绍国内各大城市如北京、上海、深圳在垃圾分类上的探索。

第2章指出了政府在垃圾分类工作中扮演的政策制定、标准规范、宣传引导和方向指引等各方面的角色和职能，介绍了国家层面和各个城市在垃圾分类中做的工作。

第3章列举了环保运营企业在垃圾分类工作中常见的参与模式，如提供新颖的设备设施、多样化的激励措施、联合政府部门进行专业的人员指导和宣传活动、配置专业的收运车辆等。垃圾是放错地方的资源，所以书中还给大家介绍了不同种类垃圾的常见处理工艺，部分再生资源重新进入我们生活的方式。

第4章提醒人们在各个场景，无论是在生活中、工作中，还是在学校里、公共场所或在外游玩时都应该养成垃圾分类的习惯，因为只要有一部分人不进行分类，就会影响整体的垃圾分类效果。

本书的编写是为了让每一位读者充分了解垃圾分类中不同主体，从政府到企业，再到个人所发挥的作用和贡献，让大家知道垃圾分类是需要全民参与的行动，需要社会所有地方全场景的分类、全品类的考虑和全过程的监督。只有这样才能最终促进人们垃圾分类理念和习惯的养成，更好地推进全社会垃圾分类工作的进步。

本书由韩丹任主编，秦玉坤、赵由才任副主编，另外，中国天楹李军总工程师、张聪逸工程师、毕金华工程师、张晖工程师、吴诗雪博士、蒋丹博士、刘桂兵工程师等参与了部分内容的编写和资料整理，在此表示由衷的感谢。

限于编者水平和编写时间，书中难免有不足和疏漏之处，恳请各位读者批评指正。

编者

2020年2月

目录

第1章 生活垃圾分类小知识　　001

1.1 什么叫生活垃圾？　　002
1.2 你是否闻到了浓浓的垃圾的味道？　　004
　　1.2.1 小区随意丢弃的垃圾　　004
　　1.2.2 沿街道路行人掩鼻　　006
　　1.2.3 夜间大排档一片狼藉　　006
　　1.2.4 农贸市场寸步难行　　007
1.3 为什么说垃圾是放错位置的黄金呢？　　008
　　1.3.1 垃圾的危害　　008
　　1.3.2 垃圾分类的原因　　010
　　1.3.3 垃圾分类节约资源　　010
　　1.3.4 垃圾分类的"3R"原则　　011
1.4 我国生活垃圾分几类？　　013
　　1.4.1 可回收物　　014
　　1.4.2 有害垃圾/有毒有害垃圾　　017
　　1.4.3 厨余垃圾/湿垃圾/易腐垃圾　　020
　　1.4.4 其他垃圾/干垃圾　　022
1.5 我国各地垃圾成分一样吗？　　025
1.6 我国生活垃圾分类几岁啦？　　031
1.7 为什么我国垃圾分类推进缓慢呢？　　034

1.8 哪些国家是我们的榜样先锋? 037
    1.8.1 美洲——美国 038
    1.8.2 欧洲——德国 046
    1.8.3 亚洲——日本 055
    1.8.4 国外垃圾分类经验借鉴和总结 066
1.9 国内哪些城市率先迈开了垃圾分类的步伐? 068
    1.9.1 北方代表——北京 068
    1.9.2 东部代表——上海 072
    1.9.3 南方代表——深圳 080

第 2 章　生活垃圾分类中政府的角色　091

2.1 出台政策法规是必要保障 092
    2.1.1 国家级垃圾分类有关政策文件 092
    2.1.2 省级垃圾分类有关政策文件 093
2.2 日常宣传是重要引导 098
    2.2.1 "宣传标语"融入人民生活 098
    2.2.2 垃圾分类志愿者宣传 099
    2.2.3 人人参与垃圾分类互动活动 101
2.3 专心做好一个专业的"裁判员" 105
    2.3.1 北京:垃圾分类全程监督 106
    2.3.2 上海:强化、细化监督及执法 107
    2.3.3 广州:大众监督常态化 111
    2.3.4 西安:拒不分类将遭受顶格处罚 112

第 3 章　企业如何运营垃圾分类　　117

3.1 企业的角色　　118
　　3.1.1 国内企业　　118
　　3.1.2 国外企业　　119
3.2 垃圾桶也有超能力　　120
　　3.2.1 室内超级垃圾桶　　120
　　3.2.2 室外垃圾桶　　122
　　3.2.3 其他辅助设备　　127
3.3 分类宣传在行动　　128
　　3.3.1 北京　　129
　　3.3.2 南京　　130
　　3.3.3 上海　　133
　　3.3.4 广州　　134
　　3.3.5 其他城市　　135
3.4 垃圾分类还有奖励？　　139
　　3.4.1 投放设备现金返现　　139
　　3.4.2 微信预约上门回收　　140
　　3.4.3 现场积分兑换、现金交易　　142
3.5 不一样的垃圾车　　146
　　3.5.1 准时出现的"神秘人"　　146
　　3.5.2 厨余垃圾 / 餐厨垃圾 / 湿垃圾 /
　　　　　易腐垃圾收运车　　148
　　3.5.3 有害垃圾收运车　　150
　　3.5.4 可回收物收运车　　151
　　3.5.5 其他垃圾 / 干垃圾收运车　　152

3.6 垃圾都去哪里了?   154
    3.6.1 可回收物回收再用   154
    3.6.2 其他垃圾处理   163
    3.6.3 餐厨垃圾处理   165
    3.6.4 有害垃圾处理   169

第4章 争做垃圾分类好市民   173

4.1 树立正确的环保价值观   174
4.2 我们的责任与义务   177
4.3 从你我做起，从现在做起   181
    4.3.1 在居家生活时   181
    4.3.2 在学校学习时   185
    4.3.3 在单位工作时   188
    4.3.4 在公共出行时   192
    4.3.5 在户外游玩时   193

参考文献   199

第 1 章

生活垃圾分类小知识

1.1 什么叫生活垃圾？

生活垃圾是指人们在日常生活中或者为日常生活提供服务的活动中产生的固体废物，以及法律、行政法规规定视为生活垃圾的固体废物。其主要包括居民生活垃圾、集市贸易与商业垃圾、公共场所垃圾、街道清扫垃圾及企事业单位垃圾等。通俗来讲生活垃圾就是人们觉得对自己没用的东西。

（1）中国生活垃圾产量

随着城镇化率不断提高，城镇人口的不断增加，为城镇生活环境带来了极大压力，尤其是城镇生活垃圾的处理。根据住房和城乡建设部（简称"住建部"）和生态环境部2019年公布的统计数据，40多年前，也就是1979年我国生活垃圾清运量仅为2500万吨左右；2010年增加到了15805万吨；2017年已经达到21521万吨，相比于1979年增加了近8倍（见图1.1）。

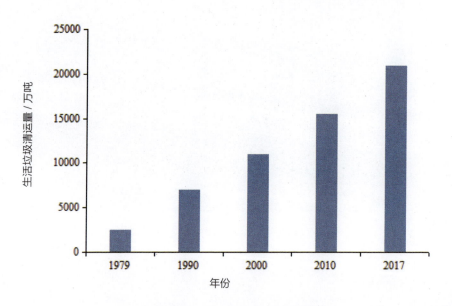

▶ 图1.1 中国生活垃圾清运量情况

数据来源：国家统计局数据库

（2）大城市生活垃圾产量

2017年生活垃圾清运量超100万吨的城市有40座，清运量超200万吨的有16座，其中生活垃圾清运量排名前十的城市分别为北京、上海、深圳、重庆、广州、成都、武汉、东莞、杭州、天津（见图1.2）。北京生活垃圾清运量最多，共计924.77万吨，上海、深圳排名第二和第三，分别为743.07万吨、618.83万吨，三座城市清运量分别占全国生活垃圾清运总量的4.3%、3.5%、2.9%。

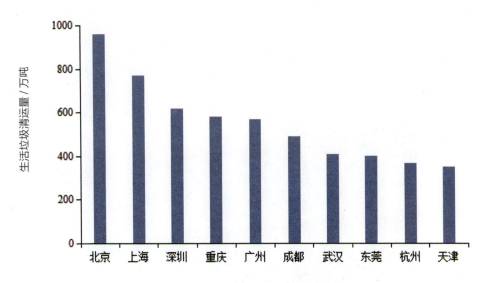

▶ 图1.2 2017年中国生活垃圾清运量前十名城市

数据来源：国家统计局数据库

城市中每天产生如此数量庞大的生活垃圾，大家想象一下，如果没有经过分类而混合丢弃，再没有进行及时的清运的话会产生什么结果呢？可想而知，那绝对是一场灾难！

1.2 你是否闻到了浓浓的垃圾的味道?

1.2.1 小区随意丢弃的垃圾

小区是大家生活的场所,如果看到垃圾随意丢弃肯定会影响大家的心情,影响大家的生活质量,尤其是早上上班的时候看到肯定会影响一天的好心情。但是在现实中,因为小区居住人员数量众多,每个居民的素质参差不齐,再加上国内垃圾分类理念尚未在人群中形成,大部分人尤其是老一辈的人没有垃圾分类的意识,所以经常会看到小区的各个角落存在一堆又一堆的垃圾(见图1.3)。

▶ 图1.3 小区随意丢弃的垃圾

随意丢弃垃圾的原因可能是居民和小区物业的矛盾导致物业移走了垃圾桶,或者小区缺乏清运设备,环卫部门收运又不及时,导致垃圾桶时常出现满溢,从而使居民无处投放垃圾。但是通过观察散落的垃圾可以看出大部分随意丢弃的垃圾都是可回收物,如废旧织物、干净的垃圾袋、塑料瓶等,还有一些电池、化妆品、过期药品等有毒有害垃圾也掺杂其中(见图1.4)。

▶ 图1.4 混合丢弃和投放的生活垃圾

有些住户搬进新家后进行装修,产生的装修垃圾也和平时的生活垃圾放在一起(见图1.5)。这种做法是不对的,装修垃圾一般应该是大件垃圾,需放在小区的临时堆放点,它们会有专门的人员进行收运作业。

▶ 图1.5 建筑装修垃圾和生活垃圾混合丢弃

1.2.2 沿街道路行人掩鼻

想象一下这个画面：你走在大街上准备去购物，心情舒畅，哼着小曲，忽然发现前面道路两侧堆满了生活垃圾，有些是沿街商户刚刚倾倒的，有些可能是已经放置很久了的，蚊蝇肆虐。虽然有些地方被黑色的纱布盖着，但是刺鼻的味道还是挣扎着飘了出来……看到这种景象你会是什么心情呢？是不是满心欢愉顿时被泼了一盆冷水，匆匆忙忙掩鼻通过（见图1.6）？

▶ 图1.6 人们掩鼻通过道路边的混合生活垃圾

这种景象如今在中国的很多城市上演着，诸多原因导致这种情况，有可能是缺少垃圾桶，有可能是当地负责环卫的公司不负责任，但是看到其中混合了各类可回收物和其他垃圾，能确定当地的垃圾分类工作肯定没有得到大家的重视。

1.2.3 夜间大排档一片狼藉

大排档的存在就像是国内的深夜食堂，热闹一般都是在入夜以后。这也就表示有一些现象会被人忽视，其中最主要的就是大排档收摊后产生的一片狼藉（见图1.7），包括常见的各类小龙虾残渣、零食包装、酒瓶饮料瓶、烧烤残渣等。

这种现象的发生一方面是食客的意识问题，大排档摊主的素质问题；另一方面也是生活垃圾收纳设备的缺乏。

▶ 图1.7　大排档收摊后道路一片狼藉

1.2.4 农贸市场寸步难行

菜市场是生活中最具有人间烟火气的地方，其中会遇到南来的、北往的形形色色的人，摊主叫卖声和顾客还价声此起彼伏，熙熙攘攘，热热闹闹（见图1.8）。偶尔也会有家长带着儿童一起采购家用。

▶ 图1.8　热闹的菜市场和散落的垃圾

但是接下来这种温馨的画面被前方的一堆堆废弃蔬菜或者蔬菜包装打破（见图1.9），本就狭窄的道路因为它们的出现变得更加拥挤，令人寸步难行，于是多数行人都会想着尽快掩鼻通过。

▶ 图1.9 菜市场丢弃的垃圾影响路人通行

1.3 为什么说垃圾是放错位置的黄金呢？

1.3.1 垃圾的危害

（1）塑料

如塑料袋、塑料包装、快餐饭盒、塑料杯、电器包装、冷饮皮等。其特点是难以降解，破坏土质，使植物生长减少30%；填埋后可能污染地下水；焚烧会产生有害气体。

（2）剩餐

如与垃圾或快餐盒倒在一起的剩饭。其危害是大量滋生蚊蝇；促使垃圾中的细菌大量繁殖，产生有毒气体和沼气。

（3）电池

如纽扣电池、充电电池、含汞干电池。其危害是纽扣电池含有有毒重金属汞；充电电池含有害重金属镉；有些干电池含汞、铅和酸碱类等对环境有害的物质。

（4）涂料和颜料

如建筑、家庭装修后的废弃物。其危害是含有有机溶剂的涂料可引起头痛、过敏、昏迷或致癌；是危险的易燃品；颜料中多含重金属，对健康不利。

（5）废弃灯管

如节能灯。其危害是现行工艺制作的节能灯中大都含有化学元素汞，一只普通节能灯约含有0.5mg汞，如果1mg汞渗入地下就会造成360t的水污染。汞也会以蒸气的形式进入大气，一旦空气中的汞含量超标，会对人体造成危害，长期接触过量汞可造成中毒。水俣病就是慢性汞中毒最典型的公害病之一。

（6）清洁类化学药品

如用于去油、除垢、光洁地面、清洗地毯、通管道等的化学药剂，空气清新剂，杀虫剂，化学地板打蜡剂等。其危害是含有机溶剂或大自然难降解的石油化工产品，具有腐蚀性；含氯元素（如漂白剂、地板洗剂等），进入人体后有毒；药品中含破坏臭氧层物质；在杀虫剂中，约有50%含致癌物质，有些可损伤动物肝脏。

这里只是列出了生活中常见的几类生活垃圾对我们的生活环境、生态环境带来的危害，其他未列出的危害不胜枚举。

1.3.2 垃圾分类的原因

目前混合垃圾的处理方法还大多用传统的填埋方式，占用大量土地；并且虫蝇乱飞，污水四溢，臭气熏天，严重污染环境。因此，垃圾分类可以减少源头垃圾处理量，减少土地资源的消耗，具有社会、经济、生态三方面的效益。垃圾分类处理的优点如下。

（1）减少占地

生活垃圾中有些物质不易降解，使土地受到严重侵蚀。垃圾分类能够去掉可回收的、不易降解的物质，垃圾数量减少达50%以上。

（2）减少环境污染

有些废弃的电池含有金属汞、镉等有毒的物质，会对人类产生严重危害；土壤中的废塑料会导致农作物减产；抛弃的废塑料被动物误食，导致动物死亡的事故时有发生。

（3）变废为宝

根据中研网2020年1月4日发布的"全国237个城市启动垃圾分类"相关资讯显示：中国每年使用塑料快餐盒达40亿个，方便面碗5亿～7亿个，废塑料占生活垃圾的4%～7%。1t废塑料可回炼600kg的柴油。回收1500t废纸，可免于砍伐用于生产1200t纸的林木。1t易拉罐熔化后能结成1t很好的铝块，可少采20t铝矿。生产垃圾中有30%～40%可以回收利用，应珍惜这个小本大利的资源。

1.3.3 垃圾分类节约资源

根据有关研究，中国居民每人每天产生约1kg生活垃圾，其中各类废塑料、废金属、玻璃类和纸类的可回收物占了30%左右，厨余垃圾占了50%左右，有害垃圾1%左右，剩下的是其他垃圾。估算一下，一个100万人的城市每天产生的可回收物大概有300t，那么全中国14亿的人口每天会产生多少量的可回收物呢？这将是一个巨大的数字。世界上没有真正的垃圾，经过垃圾分类，多数物品都可以进行重新利用（见图1.10）。

▶ 图1.10　世界上没有真正的垃圾

科学家经过实验发现，每回收1t废纸可造好纸800kg，节省木材300kg，可以少砍伐17棵大树，比等量生产减少污染74%；

每再生利用1t废塑料可以节约6t石油，每回收1t塑料饮料瓶可获得0.7t二级原料；

每回收1t废钢铁可炼好钢0.9t，比用矿石冶炼节约成本47%，减少空气污染75%，减少97%的水污染和固体废物；

每回收1t废玻璃可再生出0.9t玻璃，节约纯碱0.2t，石英砂0.7t，降低玻璃制品成本20%。

因此可以说垃圾是放错了位置的"黄金"，只有通过垃圾分类才能让这些"黄金"重新得到利用，重新发光。

1.3.4　垃圾分类的"3R"原则

日常生活习惯中垃圾分类的"3R"原则（见图1.11）。

▶ 图1.11 "3R"原则

（1）Reduce——减少

① 在购物时，尽量选择精简包装的物品。

② 购物时携带购物袋，少用塑料袋。

（2）Reuse——重复使用

① 用过的塑料食品容器可以用来装剩下的食物。

② 用过的玻璃罐可以用来装些干货，例如大米、豆子和调料等。

③ 用过的布袋可以将食物从市场带回家。

（3）Recycle——循环利用

① 根据垃圾箱上标明的相应回收标志，自觉进行垃圾分类，并鼓励邻居也这么做。

② 对可回收垃圾分类处理，这样便于清洁工从其他垃圾中区别它们。

③ 亲戚朋友间进行衣物、用品交换，或把闲置不用的物品赠予他人。

④ 纸、硬纸板、易拉罐和瓶子等可以卖到附近的废品收购站。免费把有用的垃圾送给拾荒者，以鼓励他们持续回收。

1.4 我国生活垃圾分几类？

在 46 个重点生活垃圾分类城市中，80% 以上对垃圾分类采取有害垃圾、可回收物、厨余垃圾、其他垃圾"四分法"，各地执行的基本上都是国家制定的这四大分类标准。为便于市民理解，有些地区采取了不同的称呼和标志。比如，上海提出干垃圾和湿垃圾之分，而北京则是厨余垃圾和其他垃圾（见表1.1）。

▶ 表 1.1　中国部分主要城市垃圾分类标准

城市	分类标准			
上海	可回收物	有害垃圾	湿垃圾	干垃圾
北京	可回收物	有害垃圾	厨余垃圾	其他垃圾
杭州	可回收物	有害垃圾	易腐垃圾	其他垃圾
成都	可回收物	有害垃圾	餐厨垃圾	其他垃圾
广州	可回收物	有害垃圾	餐厨垃圾	其他垃圾
深圳	可回收物	有害垃圾	易腐垃圾	其他垃圾

整体来看中国的生活垃圾一般分为可回收物、厨余垃圾、有害垃圾和其他垃圾四类。其中可回收物在有些地方的分类标准中亦称"可回收垃圾"；厨余垃圾在有些分类标准中亦称"易腐垃圾""餐厨垃圾"（实际应包含餐饮垃圾）、"湿垃圾"；其他垃圾亦称"干垃圾"；有害垃圾亦称"有毒有害垃圾"。有害垃圾、可回收物、厨余垃圾、其他垃圾对应垃圾桶颜色依次为红色、蓝色、绿色和灰色（见图 1.12）。

▶ 图 1.12　生活垃圾分类标志（2019 年 12 月 1 日施行）

1.4.1 可回收物

可回收物指适宜回收和资源利用的物品。

（1）可回收物种类口诀

衣、纸、塑、玻、金。

① 衣：废织物，如衣服、鞋、床单、毛绒玩具等。

② 纸：废纸张，如快递纸箱、纸袋子、书本、报纸等。

③ 塑：废塑料，如饮料瓶、洗发水瓶、塑料制品等。

④ 玻：废玻璃，如啤酒瓶、玻璃杯、窗户玻璃等。

⑤ 金：废金属，如易拉罐、刀具、锅具等。

（2）分类注意事项

① 投放可回收物时，应尽量保持清洁干燥，避免污染。

② 废纸应保持平整。

③ 立体包装物应清空内容物，清洁后压扁投放。

④ 废玻璃制品应轻投轻放，有尖锐边角的应包裹后投放。

⑤ 生活中最常用的塑料袋属于其他垃圾。因为塑料袋用来装东西，易污染，且本身被循环利用的价值太低。

生活中常见可回收物类别见表 1.2。

▶ 表1.2 生活中常见可回收物类别

续表

锅	菜刀	剪刀
佐料瓶	玻璃杯	床单、枕头、棉被
毛绒抱枕/头枕	包	电路板
充电宝	插线板	拉杆箱
碎玻璃	电线	数据线

续表

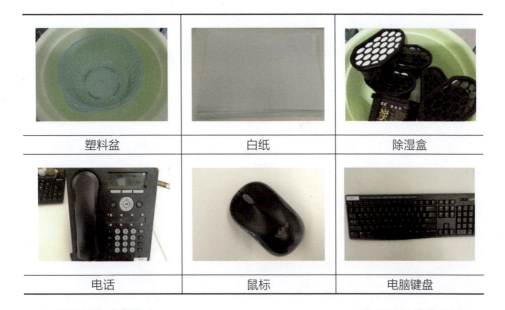

| 塑料盆 | 白纸 | 除湿盒 |
| 电话 | 鼠标 | 电脑键盘 |

1.4.2 有害垃圾 / 有毒有害垃圾

有害垃圾是指含有有害物质，对人体健康有害或者对环境造成现实危害或者潜在危害的垃圾。

（1）有害垃圾种类口诀

药（要）油（有）电灯。

① 药：过期药品。

② 油：涂料桶。

③ 电：充电电池、纽扣电池、蓄电池。

④ 灯：节能灯、荧光灯。

⑤ 日常生活中比较常接触到的指甲油、洗甲水、蟑螂药、老鼠药、杀虫剂等。

（2）分类注意事项

① 投放有害垃圾时应注意轻放。

② 废灯管等易破损的有害垃圾应连带包装或包裹后投放。

③ 废弃药品宜连带包装一并投放。

④ 杀虫剂等压力罐装容器，应排空内容物后投放。

⑤ 在公共场所产生有害垃圾且未发现对应收集容器时，应携带至有害垃圾投放点妥善投放。

生活中常见有害垃圾类别见表1.3。

▶ 表1.3　生活中常见有害垃圾类别

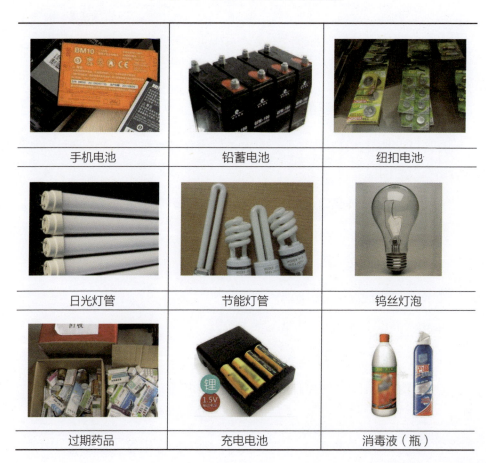

续表

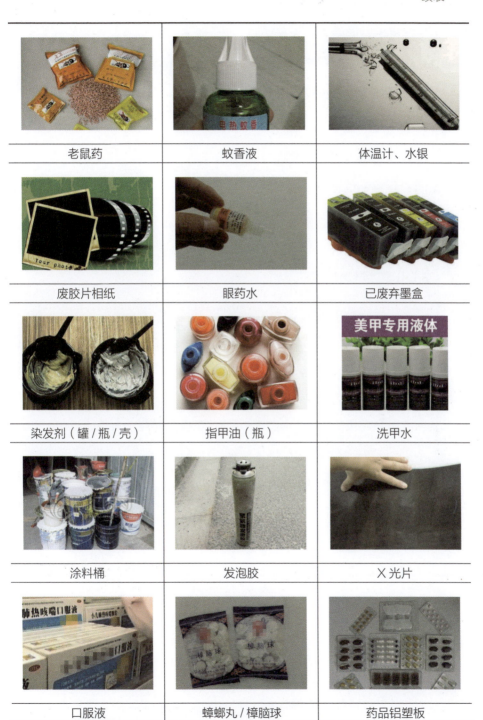

老鼠药	蚊香液	体温计、水银
废胶片相纸	眼药水	已废弃墨盒
染发剂（罐/瓶/壳）	指甲油（瓶）	洗甲水
涂料桶	发泡胶	X光片
口服液	蟑螂丸/樟脑球	药品铝塑板

1.4.3 厨余垃圾/湿垃圾/易腐垃圾

厨余垃圾指家庭废弃的食材废料、剩菜剩饭、过期食品、瓜皮果核、花卉绿植、中药药渣等易腐的生物质和生活废弃物。

（1）厨余垃圾种类口诀

剩、鱼、皮、花。

① 剩：剩在碗里不吃的食物。

② 鱼：鱼鳞、鱼骨头等小型骨头。

③ 皮：瓜子皮、任何瓜皮果核。

④ 花：花卉绿植。

（2）分类注意事项

① 厨余垃圾应从产生时就与其他品种垃圾分开收集，厨余垃圾含水量高，易腐烂产生臭味，投放前尽量沥干水分。

② 有包装物的厨余垃圾应将包装物去除后分类投放，包装物应投放到对应的可回收物或干垃圾收集容器。

③ 盛放厨余垃圾的容器，如塑料袋等，在投放时应予去除。

生活中常见厨余垃圾/湿垃圾/易腐垃圾类别见表1.4。

▶ 表1.4 生活中常见厨余垃圾/湿垃圾/易腐垃圾类别

| 大米/米饭 | 炒面 | 面包 |

续表

点心	五谷杂粮	鸡鸭猪牛羊肉
动物内脏	鱼刺鱼骨头	鸡蛋壳
烂菜叶	菜根	剩饭剩菜
苹果核	酸梅核	橙皮
菠萝皮	变质水果	西瓜皮

续表

各类酱料	茶叶	甘蔗皮/渣
中药渣	过期食用油	瓜子壳
花花草草	膨化食品	盆栽
落叶	螃蟹	火锅底料

1.4.4 其他垃圾/干垃圾

其他垃圾是指除前三项以外的生活垃圾。

（1）其他垃圾种类口诀

盒、湿、土、废、骨。

① 盒：外卖盒、食物袋等（里面不能有食物残留）。

② 湿：湿巾、面膜以及过期化妆品等。

③ 土：陶瓷、渣土及花盆类物品。

④ 废：烟头、废弃卫生巾、纸尿裤等物品。

⑤ 骨：不易腐烂的大骨头、贝壳之类。

（2）分类类别

生活中常见其他垃圾/干垃圾类别见表1.5。

▶ 表1.5 生活中常见其他垃圾/干垃圾类别

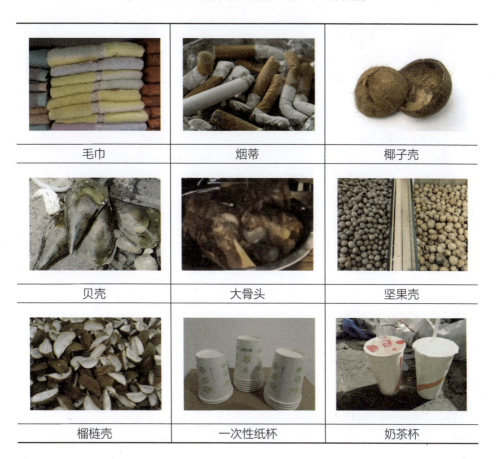

毛巾	烟蒂	椰子壳
贝壳	大骨头	坚果壳
榴梿壳	一次性纸杯	奶茶杯

续表

餐巾纸	湿纸巾	尿不湿
牙膏皮	塑料袋	保鲜膜
一次性餐具	尘土	陶瓷制品
海绵	无汞干电池	破袜子
安全帽	竹筷子	牙签

续表

打火机	废旧鞋子	一次性口罩
干燥剂	口香糖	猫砂
毛发	蚊香	眼镜

1.5 我国各地垃圾成分一样吗？

整体来看，我国生活垃圾中厨余垃圾占比最高，占生活垃圾总量比在40%~60%之间。但是由于地理条件、居民生活水平、生活习惯、燃料结构、季节等因素的影响，各地区生活垃圾的物理组成也有较大差异。

一方面，随着经济水平提高，生活垃圾中的包装废弃物、织物、纸类和塑料占比会显著增加；另一方面，随着国家大力推广清洁能源和天然气取代煤炭的政策，其他垃圾尤其是灰土砖石类的含量将进一步降低。

（1）全国生活垃圾组分分布

城乡生活垃圾组分主要分为四大类，各类组分从大到小排序依次是：厨余垃圾＞其他垃圾＞可回收物＞有毒有害垃圾（见图1.13）。

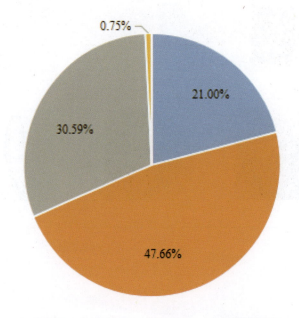

▶ 图1.13　中国城乡生活垃圾组成成分

数据来源：智研咨询发布的《2017～2022年中国生活垃圾处理行业全景调研及市场全景评估报告》

（2）华中地区生活垃圾组分分布

华中地区包括湖北省、湖南省、河南省、江西省4省。

生活垃圾中各组分从大到小排列是：厨余垃圾＞灰土砖石＞塑料橡胶＞纸类＞织物＞玻璃＞木竹＞金属＞混合＞有毒有害垃圾（见图1.14）。

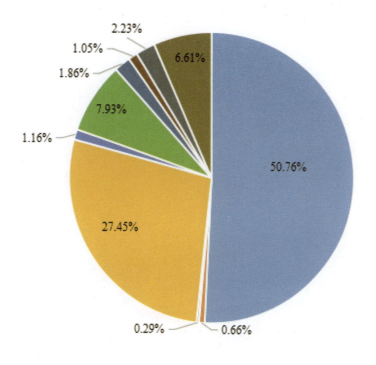

▶ 图1.14 华中地区生活垃圾组成成分

数据来源：智研咨询发布的《2017～2022年中国生活垃圾处理行业全景调研及市场全景评估报告》

（3）东北地区生活垃圾组分分布

东北地区包括黑龙江省、吉林省和辽宁省 3 省。

生活垃圾中各组分从大到小排列是：厨余垃圾 > 灰土砖石 > 混合 > 塑料橡胶 > 纸类 > 玻璃 > 木竹 > 织物 > 金属 > 有毒有害垃圾（见图 1.15）。

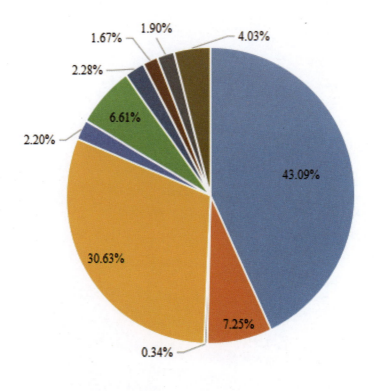

▶ 图 1.15　东北地区生活垃圾组成成分

数据来源：智研咨询发布的《2017～2022 年中国生活垃圾处理行业全景调研及市场全景评估报告》

（4）华北地区生活垃圾组分分布

华北地区包括北京市、天津市、河北省、山西省、内蒙古自治区5省（市、自治区）。

生活垃圾中各组分从大到小排列是厨余垃圾＞灰土砖石＞纸类＞塑料橡胶＞木竹＞玻璃＞混合＞织物＞金属（见图1.16）。

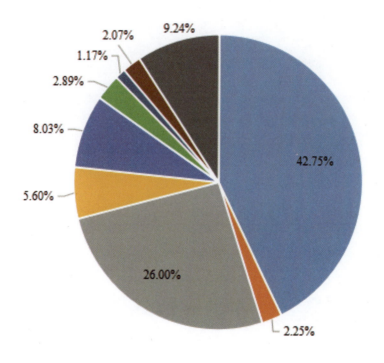

▶ 图1.16　华北地区生活垃圾组成成分

数据来源：智研咨询发布的《2017～2022年中国生活垃圾处理行业全景调研及市场全景评估报告》

（5）华东地区生活垃圾组分分布

华东地区包括上海市、江苏省、浙江省、山东省、安徽省5省（市）。

生活垃圾中各组分从大到小排列是灰土砖石＞塑料橡胶＞纸类＞厨余垃圾＞木竹＞混合＞玻璃＞织物＞金属＞有毒有害垃圾（见图1.17）。

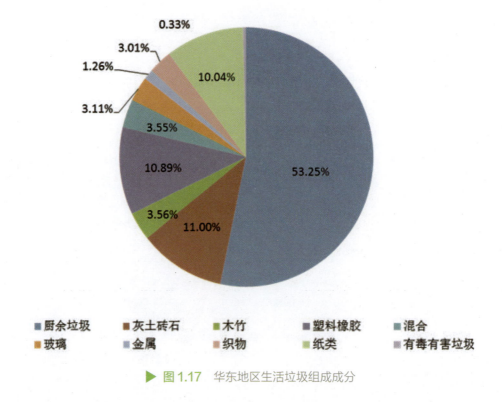

▶ 图1.17　华东地区生活垃圾组成成分

数据来源：智研咨询发布的《2017～2022年中国生活垃圾处理行业全景调研及市场全景评估报告》

（6）华南地区生活垃圾组分分布

华北地区包括广东省、广西壮族自治区、海南省、福建省4省（自治区）。

生活垃圾中各组分从大到小排列是厨余垃圾＞塑料橡胶＞纸类＞灰土砖石＞混合＞织物＞玻璃＞木竹＞金属＞有毒有害垃圾（见图1.18）。

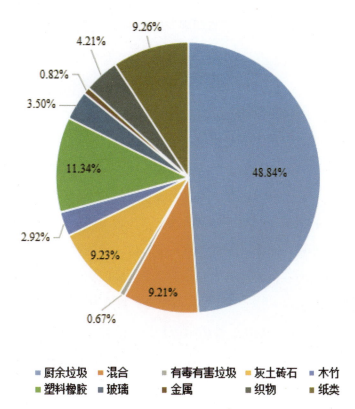

▶ 图1.18 华南地区生活垃圾组成成分

数据来源：智研咨询发布的《2017～2022年中国生活垃圾处理行业全景调研及市场全景评估报告》

1.6 我国生活垃圾分类几岁啦？

根据有关资料记载，中国是世界上最早提出垃圾分类的国家之一。早在1957年，北京市率先提出了"城区将分类收集垃圾"的构想，在开创中国垃圾分类的先河的同时，也为世界贡献了垃圾分类的理念。从发展的角度来看，60多年来中国垃圾分类大体走过了三个阶段。

（1）第一阶段：以资源回收利用为目标导向的分类阶段

关键词：供销社、废旧物资、生活垃圾、再生商品

这一阶段，从1957年开始到20世纪80年代供销社体系退出废旧物资回收市场结束。在这一时期，供销社体系主导的废旧物资回收，在客观上起到垃圾分类的作用。以"俭省节约，重复利用"为目标导向，将垃圾分为两大类，即能回收利用的一类和不能回收利用的一类。能回收利用的由供销社体系统一回收，称为废旧物资；不能回收利用的由市政环卫部门统一回收，称为生活垃圾。由于当时社会物资短缺，"俭省节约，重复利用"观念深入人心，供销社体系在回收废旧物资时，会支付一定的费用，废旧物资交易费用对生活补贴补助作用还是明显的，公众参与废旧物资回收的热情很高。这一时期，中国的垃圾中的一部分事实上成为再利用商品在交换和流通。

正是因为供销社体系所发挥的主体角色，以及其遍布城乡的网点布局，起到了很好的组织作用，也就天然形成了废旧物资的回收网络，在客观上起到了垃圾分类的作用。这一阶段，垃圾中的有害成分较少，废旧物资的资源属性显著，环境污染属性并不突出。

（2）第二阶段：以市场自由调节为主的垃圾分类阶段

关键词：个体商贩、拾荒大军、混合生活垃圾

这一阶段，从20世纪80年代中国从计划经济正式向市场经济转型、供销社体系退出废旧物资回收市场开始，到21世纪初国家开始建设垃圾分类试点城市结束。随着流通领域的改革开放，物质条件的改善和自由市场的兴起，原有的统购统销体系退出历史舞台，废旧物资价格市场逐步放开，商品属性进一步强化。在转型过程中，一大批个体小商小贩和"拾荒大军"开始进入到废旧物资回收领域，驻扎在城市的各个角落，自发形成了由分散于城中流动回收点和集中于城郊集散分拣点构成的垃圾分类体系。

小商小贩和"拾荒大军"逐渐成为废旧物资回收的主体，在一定程度上，通过市场调节的手段实现了垃圾分类的作用。但市场的逐利性使得这些商贩选择性地回收废旧物资，对回收来的废旧物资进行再分拣过程中，把所谓"值

钱"的废旧物资分出来，不值钱的要么低价出售给工业小作坊，要么就随意丢弃，造成"垃圾围城"或又混到生活垃圾中。同时，这一阶段，政府"看得见的手"集中在对生活垃圾处理领域的关注上，废旧物资回收过分依赖市场"看不见的手"，使得废旧物资回收网络和生活垃圾收运网络出现了脱节。

（3）第三阶段：以方便末端处理为目标的分类探索阶段

关键词：垃圾量激增、X分法、分类处理

从21世纪初国家开始建设垃圾分类试点城市开始至今。随着城市化进程加快，环卫基础设施建设同步推进，工业化分选、末端"干湿分开"的处理工艺要求对垃圾进行分类，但是究竟怎么分，很多地方在探索，出现了两分法、三分法、四分法等不同的分类模式，始终没有找到适合中国国情的垃圾分类模式。这一阶段，废旧物资回收网络在垃圾分类中承担的主体作用逐渐弱化。

由于受到大宗商品行情的影响，废旧物资的市场价格不断走低，流通领域的税赋、人工、物流等成本不断上升，以及城市生活成本的快速提高，倒逼小商小贩和"拾荒大军"从废旧物资回收领域逐渐退出，废旧物资回收网络开始瓦解，使得原本应该进入废旧物资回收网络的垃圾进入了生活垃圾收运网络。尤其在近些年，电商的快速发展以及人们对商品和快递包装的更高需求，进一步导致废旧物资产生量的激增，废旧物资回收网已难以承担垃圾分类的主体功能，产生的大量垃圾必须由环卫部门负责的生活垃圾网来收集处理，大量废旧物资混入生活垃圾，导致生活垃圾末端设施超负荷运转，这是近年来多数地区遇到的挑战。

在此阶段，不仅垃圾产生量呈现快速增长趋势，而且垃圾组分越来越复杂，有害成分不断增多，废旧物资的环境污染属性越来越突出，垃圾处理的难度越来越大。此时，政府主管部门和行业专家开始对我们现有的垃圾分类体系做了反思。垃圾分类不仅要考虑如何分，还要考虑如何处理。废旧物资的商品属性不再突出，同时兼具资源价值和环境污染双重属性，需要纳入城市固废综合管理体系筹考虑，如果总是在生活垃圾领域搞垃圾分类，就会顾此失彼，举棋不定。

总的来说，在第三阶段搞垃圾分类主要目的已经发生了根本变化，政府主导的垃圾分类不再以"俭省节约，重复利用"为主，而是从保障城市运行安全和加强城市治理的角度出发，以确保现代化的环卫基础设施有效运行为主要目的，因此前端无论是几分法，都是为了方便末端处理。

1.7 为什么我国垃圾分类推进缓慢呢？

从2000年开始，我国的垃圾分类工作已经在一些地方推行。但多年过去，生活垃圾分类处理在一些试点城市进展缓慢（见图1.19），分类处理更是难以取得实质性进展。

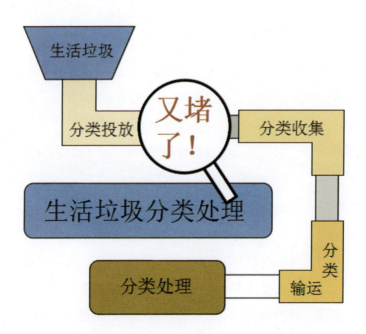

▶ 图1.19　生活垃圾分类处理进展缓慢

2016年12月召开的中央财经领导小组第十四次会议和2017年召开的全国两会，都对普遍推行垃圾分类制度提出了明确要求。国务院办公厅转发国家发改委、住建部《生活垃圾分类制度实施方案》，提出到2020年年底，基本建立垃圾分类相关法律法规和标准体系，形成可复制、可推广的生活垃圾分类模式，在46个城市先行实施生活垃圾强制分类。可以说我国推行垃圾分类的方向已明，方针已定，基本硬件条件早已经具备，那么垃圾分类长时间推进缓慢的原因和难点到底在哪里呢？

（1）垃圾分类目标和目的不明确

开展生活垃圾分类十多年来，人们垃圾分类的意识得到了提升，对垃圾分类的系统性认识得到了普遍提高。但不可否认，很多人说垃圾分类搞了这么多年，进展不明显，根本原因是以往我们没有搞清楚为什么要搞垃圾分类、具体分什么，目标与途径都不清楚。我国以前垃圾分类主要着眼于可回收物，几乎所有城市都是有废品回收再利用系统，还有环卫系统，这两个系统一直没有有效衔接，存在一些问题和矛盾。

（2）公众意识薄弱、居民分类参与率低

垃圾分类的主体是全体人民，在垃圾分类进展到一定阶段，有些城市分类知晓度高达90%的时候，分类收运和末端处理设施已建好的情况下仍会出现分类推进效果不好的情况，这主要是因为参与的人少，能够参与并准确完成分类的人群更少，能长时间坚持的人则凤毛麟角，对于二三线城市来说这种情况更严重。

"在实行垃圾分类的小区，厨余垃圾理想状态应该至少分出20%的量，实际仅为5%。"北京市城市管理委员会环卫处相关负责人说。

"最难的是分类的正确率，真正能达标的只有30%~40%。"参与合肥市垃圾分类试点运营的一家公司负责人说（见图1.20）。

▶ 图1.20 部分居民垃圾分类投递错误

市民还没有养成长期进行分类的意识，甚至还不知道如何准确分类。所以这时候居民是否分类投放成为制约垃圾分类制度实施效果的突出问题，知晓率低、投放准确率低和资源利用率低是垃圾分类的"拦路虎"（见图1.21）。

▶ 图1.21 垃圾分类的"拦路虎"

在推进垃圾分类公众参与时，不仅要落实政府主体责任，坚持政府主导，做好分类收集、分类运输、分类处理设施体系建设，同时也需要制定完善的惩罚和奖励机制，"大棒"和"胡萝卜"都得有。此外，垃圾分类是一项复杂艰巨的系统工程，不可能一蹴而就，也不会一劳永逸，需要持之以恒、循序渐进、不断投入、久久为功地抓下去。

（3）分类后不同垃圾的收运和末端处置设施不健全

垃圾分类是垃圾处理发展到成熟阶段、高级阶段的必然结果和内在要求。之前我国部分城市推行垃圾分类收效甚微，其中一个重要原因就是尚未建成现代化的垃圾处理设施。没有现代化的垃圾处理设施，就谈不上实质性的垃圾分类成效。之前我们垃圾处理的主要矛盾是无害化处理设施不足、能力不够、水平不高、分类处理的条件还不成熟。目前应该说这一问题已经得到了较好的解决，一些地方分类处理的硬件条件已经基本具备。

有时我们会发现一些地方已开展了垃圾分类，但是收运时环卫部门还是混合收运，所以大家会很气愤。这主要是因为：a.在垃圾分类初期，分类处理设施建设有一定的时间周期，分类处理设施没有建好的时候只能混合收集；b.在垃圾分类推行初期，居民分类参与率、投放准确率都较低，收集到的"分类垃圾"实际上还是混合垃圾，分类处理设施无法正常运行，混合收集是无奈的选择。

整体来看，垃圾分类工作的顺利开展需要完善垃圾分类的顶层设计，在分类投放、分类收集、分类运输、分类处理的各个环节应该给予相应的指导，让各个环节主体更加明确自身责任。

1.8 哪些国家是我们的榜样先锋？

国际上典型的垃圾分类模式主要有三种。

（1）以美国为代表的简单分类模式

美国的垃圾分类是与其以填埋为主的处理方式相适应的，只简单地分为

2～3类。美国政府认为，废塑料等垃圾目前还不具备开发利用的经济价值，但留给后人却是重要的战略资源。从国家资源储备的战略高度出发，美国垃圾目前以填埋为主，填埋量已经占到垃圾产生总量的50%以上。

（2）以德国、瑞典等欧盟国家为代表的有限分类模式

欧盟是从绿色环保发展的需要出发，以资源化利用为结果导向对垃圾进行有限分类。居民大体上将垃圾分成5～6类，把有机垃圾分出，然后通过工业化分选装备进一步精细分选，再直接回收利用；对可生化组分和可燃组分进行生化和焚烧处理，进一步资源化。

（3）以日本为代表的无限分类模式

日本由于土地资源稀缺、填埋受限制，且各类矿产资源短缺，决定了他们采取的模式是无限分类与焚烧处理。他们最早提出推进垃圾精细化分类。日本将垃圾分成很多类，首先是资源化处理，实在不能再细分的，进行焚烧处理。

1.8.1 美洲——美国

1.8.1.1 美国垃圾产量高

美国人口仅占全球人口的4%，但是产生的城市固体废物却占到全球的12%，与之相反的是中国和印度占世界人口36%以上，但是产生的固体废物却只占全球的27%。调查显示，平均每个美国人每天产生2.1kg垃圾，是其他大部分国家人均的2倍左右。这些垃圾有55%是来自居民生活垃圾，剩下的45%为工商业垃圾，譬如来自制造业、零售业和商业贸易等渠道。

美国垃圾的回收率也远低于其他发达国家，是唯一一个废物回收能力低于其产生量的发达国家。

1.8.1.2 美国垃圾分类历史的转变

美国目前在生活垃圾分类上做的可圈可点，尽管他们现在会自觉对垃圾进行分类投放，但他们曾经也是"一锅端"，为何发生了这样的转变？这还要从一部法律说起。

1965 年，美国制定了《固体废弃物处置法》，1976 年修订更名为《资源保护与回收法》，1990 年又推出了《污染预防法》。这是美国处理固体和危险废物的主要法律，用来解决日益增多的城市和工业废物问题。为了与这一法律配套，美国环保局制定了上百个关于固体废物、危险废弃物的排放、收集、储存、运输、处理、处置回收利用的规定、规划和指南等，形成了较为完善的固体废物管理法规体系。

这些法律不仅确定了资源回收的"4R"原则，即 Recovery（恢复）、Recycle（回收）、Reuse（再用）、Reduction（减量）；而且将处理废弃物提高到了事先预防、减少污染的高度。和其他国家一样，美国的可回收物种类也是重点包括纸类、塑料瓶、玻璃瓶和金属易拉罐等（见图 1.22）。

▶ 图 1.22 美国垃圾分类中部分可回收物分类

《资源保护及回收法》是美国处置固体和危险废物管理的基础性法律。除了联邦法律，每个州也分别有自己的法律法规。在美国乱丢垃圾是犯罪行为，各州都有禁止乱扔垃圾的法律，乱丢杂物属三级轻罪，可处以 300～1000 美元不等的罚款、入狱或社区服务（最长一年），也可以上述两种或三种并罚。

1.8.1.3 有法可依的分类现状

在法律颁布之后，美国大大小小的城镇已实现了垃圾分类，只是各州、各城镇的具体做法有所不同。以弗吉尼亚州费尔法克斯城为例，独立式住宅后院一般都摆放着绿色、灰（黑）色和蓝色三个大垃圾桶（见图1.23）。

▶ 图1.23 美国家庭用三色垃圾桶

绿色垃圾桶是用来装不可回收利用的垃圾，灰色桶用来装厨房垃圾，如剩菜剩饭、菜根果皮等生活垃圾。生活垃圾必须先用塑料袋装好，并扎紧袋口，不允许有残渣和汁水漏出。蓝色垃圾桶是用来装可再生利用垃圾的，如酒瓶、饮料瓶、易拉罐等。社区规定每周二收一次生活垃圾，可回收垃圾则是周二和周五两次。

居民只需按时把垃圾桶置放到门前路边即可，收垃圾的工人会按时装到垃圾车上。对于公寓式住宅，则是有集中垃圾存放点，可回收物和不可回收物也是明显分开。

1.8.1.4 加州旧金山——美国垃圾分类的示范

美国加州旧金山在垃圾分类回收再利用方面成果显著，垃圾回收率达到80%，被称为"绿洲中的绿色城市"。西门子于2011年进行了一项研究，通过比较27个主要的美国和加拿大城市的可持续发展表现，旧金山被评为北美最绿色的城市，在垃圾管理方面排名第一。

这样的结果与加州政府超前的环保意识和颁布一系列法案息息相关。早在1921年，旧金山政府就要求垃圾回收必须由公司来管理，取缔个人回收垃圾的行为，从而产生了"落日清洁公司"和"清洁工协会"，也就是如今旧金山的绿源再生公司。1989年，旧金山市通过了"综合废弃物管理法令（AB939号）"，要求各行政区在2000年以前，实现50%废弃物通过削减和再循环的方式进行处理。未达到要求的区域管理人员被处以每天1万美金的行政罚款。同时，以家庭为独立个体施行垃圾分类收集，并有机构定期上门收集可回收物品，销售收益用来抵付垃圾处理费用的政策。

随着时间的推移，旧金山政府对垃圾回收分类利用的法律越来越细化，包括2003年加州通过实施的"废旧电器回收法"，对废旧电脑、电视及其他音像设备和大件垃圾的回收处理做了具体规定，要求个人送至附近废品回收站，并支付一定的费用（见图1.24）。

▶ 图1.24　等待被回收的大件垃圾和电器

2009年，旧金山通过了"垃圾强制分类法"，规定居民必须严格遵守废弃物分类，严禁私自翻捡垃圾箱内的可回收物，否则按盗窃罪论处，同时对于违规的居民采取不同等级的罚款。这在当年被媒体称为全美最严苛的可回收法律。

(1)旧金山为什么有底气设"零废弃"目标?

2002年,旧金山城市监督委员会和市长通过了一项决议,计划到2010年,垃圾可回收及堆肥的转化率达到75%,到2020年彻底实现"零废弃"。

美国旧金山市是美国第一个设定垃圾"零废弃"目标的城市,也是第一个强制使用三色垃圾桶来对垃圾进行可回收分类的城市。2013年,旧金山已经成功将80%的生活垃圾转化为可回收垃圾或者肥料,美国某环保公司将生活垃圾转化成肥料(见图1.25)。对比来看,洛杉矶垃圾转化率为65%,西雅图为50%。根据美国环保局数据,2014年,全美产生了约2.58亿吨的生活垃圾,其中,超过8900万吨垃圾是可回收以及堆肥垃圾,相当于回收率实现34.6%,1.36亿吨垃圾被填埋。从国际上来看,2013年年底,欧盟垃圾回收及堆肥转化率为42%。旧金山的垃圾转化率在美国国内和国际上都排在前列。

▶ 图1.25 美国某环保公司将生活垃圾转化成肥料

旧金山经验的成功与该城市激进而又严苛的政策相关。除了上述提及的各类法律法规外,该市是美国第一个禁止在食品服务中使用聚苯乙烯泡沫塑料的城市(2006年),要求对建筑垃圾进行强制回收(2007年),禁止药店和超市免费提供塑料袋(2009年),并强制居民和企业进行垃圾回收和堆肥分类(2009年)。

旧金山垃圾分类之所有能够深入人心，还与政府不遗余力地广泛推广分不开。为了更好地实施垃圾分类，并且能达到2020年的"零废弃"目标，旧金山环保部门专门在年轻人中推广垃圾减量分类的宣传教育活动；推出了环保型花园的家庭设计理念，创立了旧金山环保基金会以及旧金山有机食品社区；并且在旧金山社区大学，旧金山各大学内推广环保组织；还通过海报、报纸、网络以及公交移动等媒体等，长期开展城市垃圾治理的宣传推广活动（见图1.26）。

▶ 图1.26 垃圾分类收运车宣传标识

每周固定时间，加州旧金山的市民总会将平时摆在院子里的三个颜色各异的滚轮垃圾桶推出去，一字排开放在门前的街道上，颜色各异的垃圾桶各有用途。

① 灰色垃圾桶用来装可再生垃圾，如酒瓶、饮料瓶、易拉罐、干净的废纸等；

② 蓝色垃圾桶用来装不可回收利用的垃圾，如剩菜剩饭、菜根果皮等厨余垃圾；

③ 绿色垃圾桶用来装院子里的杂草、修剪的树枝等园林垃圾。

随着垃圾车轰隆隆地开过，这些放置在街道上的垃圾桶被分类倾倒、运走（见图1.27）。

▶ 图1.27　垃圾收运车沿路收集垃圾

这就是美国加州生活垃圾分类的一个缩影。虽然每个城市赋予不同颜色的垃圾桶不同的"内涵"，每周回收一次垃圾的时间也不尽相同，但是垃圾分类已经深入人心，成为日常。

（2）专门公司统一提供垃圾回收服务

美国的垃圾分类制度是一个成熟完善的体系，既包括居民在日常生活中进行的前端分类，还包括后端回收利用、掩埋处理和降解使用，这样才能实现生活垃圾减量、无害化和资源化。

环保公司会为每家每户发放垃圾分类宣传单和定时收运时间表，某环保公司垃圾投递及收运宣传单，见图1.28。分类之后的垃圾由专门的垃圾回收公司按照固定日期收取，居民每月缴纳一定数额的"垃圾清运费"。个人严禁私自翻捡垃圾桶内可利用物品，否则按盗窃罪处理。全美有两万多家垃圾回收公司给不同的城市提供服务。以旧金山为例，绿源再生（Recology）公司是这座城市的服务公司。居民免费领取3个32加仑（1加仑=3.78升，下同）的垃圾桶，每月支付该公司35.18美金的服务费，该公司提供定期的垃圾清运服务。

▶ 图 1.28　某环保公司垃圾投递及收运宣传单

　　通常垃圾回收公司会以不同的方法对生活垃圾进行再分类并合理回收处理。可再生塑料、金属、废纸、玻璃会进行分选回收再利用；对可燃物进行焚烧产电；可分解的有机物经过发酵制成有机肥料；无机垃圾则用于铺路。近年来，垃圾回收公司多用更为优化的方式对生活垃圾进行再处理，如利用有机垃圾气化发电、热解焚烧污染物、焚烧供热、气化发电、水气渣净化等。根据绿源再生公司网站消息，旧金山的食物废料被运往附近工厂变成宝贵的肥料。一些成品肥料被售卖至纳帕酒乡的葡萄园。

1.8.2 欧洲——德国

1.8.2.1 一百多年垃圾分类的历史

德国自 1904 年开始实施垃圾分类，至今已走过 115 个年头。正如罗马并不是一天建成的一样，德国的垃圾分类工作也是逐步推进的，当然，首先是从立法开始。德国政府制定了一套严格的处罚规定，并设有"环境警察"。在 1972 年，德国通过了首部《废物避免产生和废物管理法》，开始对垃圾进行系统性的有效处理。现在，垃圾分类的理念早已深深植根于德国人民的心中，成为了所有人的生活习惯。

1.8.2.2 完善的垃圾分类体系

（1）德国将垃圾从收集源头上进行分类

垃圾分类非常细，不是简单地分为生活垃圾、工业垃圾、医疗垃圾、建筑垃圾、危险废物，而是分为纸、玻璃（棕色、绿色、白色）、有机垃圾（残余果蔬、花园垃圾等）、废旧电池、废旧油、塑料包装材料、建筑垃圾、大件垃圾（大件家具等）、废旧电池、危险废物等。

（2）垃圾收集体系分为收集和运输两个体系

在一般各居民住户家中，都设有机垃圾收集桶和剩余垃圾收集桶，每桶剩余垃圾的收集价格要高于有机垃圾的价格；各户居民可根据自己产生的垃圾量，确定所需垃圾桶的大小，桶大小不同交费也不同，城市环卫局会定期上门收取和清空垃圾桶。在各居民小区设有纸、玻璃（棕色、绿色、白色）和塑料等废旧包装材料（标有绿点标志）的收集桶，各住户可以把废旧纸、玻璃瓶等送至小区的该类垃圾收集桶中。

（3）对大件垃圾、废旧电器、危险废物提供专门回收服务

对大件垃圾、废旧电器、危险废物等有专门的回收点（见图 1.29），分布在市区的不同地方。居民可将大件垃圾（大件家具等）、废旧电器、危险废物免费送至回收点，但对一些特殊的物质，如废旧轮胎，居民就必须付费，交费标准为3欧元/个。所有的企业或公司都要对自己产生的垃圾付费。

▶ 图1.29 大件垃圾等集中回收点

（4）垃圾的分类处理实现闭合循环系统管理

闭合循环系统管理是德国垃圾处理系统的一大特色。在生产和消费过程中，任何生产商和经销商必须对产品流通过程中产生的垃圾通过严格的预处理进行分类，政府负责定期收运（见图1.30），将可回收的垃圾进行循环和再利用，最终将剩余的无法被回收利用的垃圾进行无害化处理。整个垃圾处理的流程呈现出一个闭合的循环圈。

闭合循环系统管理的发展需要强有力的技术支持。一方面，新技术可以减少生产和消费过程中材料与能源的使用；另一方面，一旦这些产品已经到了它们的预期寿命，垃圾处理工厂的技术需要保证废物中包含的有用材料能够被有效地回收或再次能源化。

▶ 图1.30 德国街头垃圾收运车

（5）建立完善的垃圾收集处理产业体系

德国已经建立了完整的垃圾处理产业体系，从业人员超过25万人，涵盖工程师、工人、公务员等不同职业。而且，每年的营业额高达500亿欧元，约占全国经济产出的1.5%。在教育领域，德国的一些大学相继设立了垃圾处理方面的专业或课程，同时也提供针对垃圾处理专业人员的培训项目。这些做法为德国垃圾处理事业的发展提供了人才保障。

1.8.2.3 德国生活垃圾分类标准

根据各城市的不同规定，日常垃圾一般分4~7大类，然后再细分出几十种生活垃圾。七大类垃圾分别是厨余和绿化垃圾（有机垃圾）、纸类、塑料包装、旧玻璃瓶、剩余垃圾（其他垃圾）、有毒垃圾和大件废弃物，不同垃圾投放桶的颜色有明显差异。

（1）有机垃圾

家用有机物垃圾桶一般是棕色或绿色（见图1.31），各地区规定不同。主要回收吃不完的水果蔬菜以及绿色垃圾，具体包括有机的、可制成肥料的，如厨余垃圾；还有花草、盆栽土壤、剩面包、鸡蛋盒（纸盒）、剩菜鱼肉、茶叶、木屑、水果皮、榛子皮、花生皮、核桃皮等；柑橘类水果、室内植被、烟灰、灌木、树叶杂草、面粉类、饲料类、羽毛、虫子、小鸟的尸体等。

▶ 图 1.31　家用有机物垃圾桶

（2）纸类

包括废纸板、报纸、杂志、纸类宣传品、书籍、纸类包装等，有些纸类包装时外包塑料薄膜或是有金属、塑料装饰，这样的纸类包装应该取下非纸类装饰品后再投递。投放桶颜色为蓝色（见图1.32）。

▶ 图 1.32　家用纸类投放桶

此外，部分地区根据纸类的软硬程度还分为硬纸板和软纸，所以投递箱也会有差异（见图1.33）。

▶ 图1.33　硬纸和软纸收集箱

（3）包装袋

包装袋主要包括塑料包装、饮料罐、软饮包装，有些饮料罐是有押金的，可以退瓶换钱，没有押金的饮料塑料瓶则是丢进黄色垃圾袋而后投放入带有绿点标志的黄色垃圾桶（见图1.34）。黄袋可以到市政厅免费领取，或是自己在日用品超市购买。

▶ 图1.34　家用黄色垃圾桶和黄色垃圾袋

（4）其他垃圾

家用其他垃圾桶一般是黑灰色（见图1.35），不包含有害物质的、不可再利用的残余垃圾，如皮革制品、妇女婴儿卫生用品、烟蒂烟灰。

▶ 图1.35　家用其他垃圾桶

（5）旧玻璃瓶

玻璃瓶有专门的投递桶，造型各式各样，但记得要按照瓶子的颜色分别投入相应的箱中，包括蓝色玻璃瓶、棕色玻璃瓶、绿色玻璃瓶（见图1.36）。玻璃瓶内一定要清理干净，不能有残余。瓶盖、软木塞要分开投递。并且一定要注意，废旧玻璃也要单独收集，否则会罚款！

▶ 图1.36　德国街头玻璃瓶回收垃圾箱

另外，不属于此类的玻璃包括瓷器、陶器、泥器、灯泡、灯管、金属类、扁平玻璃、玻璃门窗、汽车玻璃、镜子、防热防烫或有重金属添加的玻璃类等。

（6）有毒垃圾

有毒垃圾主要包括电池、涂料、灯管、灯具、药品、化学药品、废油污、农药、温度计废料、汽车保养喷雾罐、酸碱溶剂等废弃物。这些废弃物在每个城市和地区都是单独回收和处理的，可以投放在超市指定投放处，一定要避免排入下水道。

（7）大件废弃物

大件的剩余垃圾、绿色垃圾，大量的纸张塑料，以及旧家电、沙发、木材、废铁、建筑废料这些垃圾需要自己开车拉到城市的特定废品回收站投放（见图1.37），有些垃圾会额外收费（比如建筑废料需称重缴费）。

▶ 图 1.37 建筑垃圾投放点

近两年德国部分地区推出了智能小家电回收试点项目，例如电动牙刷、电动剃须刀、烤面包机等。大型家具家电，一年会有几次定点回收的时间，其他时间可不要乱摆在外面。不过社区内会自发组织跳蚤市场等活动，这些旧家具家电可就有好去处了，如果没有交换出去，许多民众还会捐献给慈善机构。

对于旧衣物，一般小区附近也会放置织物回收箱，箱体开口较大（见图1.38），一般会有专门机构定期收运。

▶ 图1.38　废旧织物回收箱

根据《德法公共电视台》的调研，虽然还是存在不少的垃圾误投，但是2017年德国的生活垃圾循环利用率却高达66%，这个比例在法国和美国分别仅为40%及35%，日本虽然垃圾分类也很详细，但是利用率却只有21%（见图1.39）。

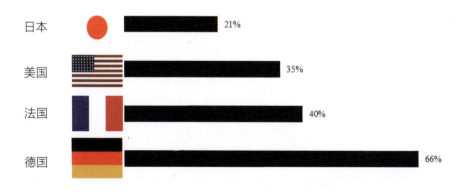

▶ 图1.39　美国、德国、日本和法国的生活垃圾循环利用率

1.8.2.4 在德国垃圾分类需要注意的事

德国在垃圾分类中需要注意：首先，倒垃圾是要收费的。其次，为了强制每个居民分类倾倒垃圾，德国政府制定了一套严格的处罚规定，并设有"环境警察"（见图 1.40）。环境警察是联邦内政部警察部门的公职人员，属于警察队伍中的一部分。各地根据实际情况，设立数量不等的环境警察岗位。目前，德国每个城市的下属辖区一般会有 5~10 名环境警察，全国环境警察的数量约 1 万人。一旦发现居民乱倒垃圾就会发警告信，如不及时改正就会发罚单，再不改，收取垃圾的费用就会加倍提升，从而加重整个小区住户的垃圾处理费用，不仅会招来邻居的谴责，甚至有可能被管理员赶出公寓。

▶ 图 1.40　德国的环境警察

德国政府会给每家发一张"垃圾清理日程表"，每日每类一目了然。居民在收集日前一天把相应的垃圾桶（袋）放到街上。

许多初到德国的朋友，应该都有过这样"惨痛"的经历。早晨出门看到楼下垃圾桶原封不动地停在那里——恭喜你！首次犯规的小贴条附言：尊敬的住户，您家的纸类垃圾桶里含有非纸类垃圾，不符合垃圾分类原则，因此我们没有清空，请您理解并在下一次回收时遵从分类原则。一大桶垃圾只能全部提回家了，而且只能攒到下次收集的日子才能被清走。

1.8.3 亚洲——日本

1.8.3.1 日本垃圾分类的原因

第二次世界大战后（1950～1970年），急于复苏的日本大力发展经济，一切让步于经济发展。在将"战后贫困"甩得远远的同时，大规模生产和大规模消耗让生活垃圾和工业垃圾急速增加，垃圾山日渐堆高（见图1.41）。那时，垃圾处理只靠简单的混合收集填埋处理，垃圾处理速度远远赶不上产生的速度。

▶ 图1.41 急速增加的等待被填埋的生活垃圾

日本成了一个"垃圾之岛"？

认识到问题严重性的日本国会在1970年迅速通过了《废弃物处理法》，其中明确规定：生活垃圾由政府处理，工业垃圾由企业自行负责。这个处理法使得工业垃圾得到迅速的控制。同时，日本也在"填埋"垃圾前加了一道"焚烧"的工序，大大减少了垃圾量。

20世纪80年代，日本拥有着全世界70%的焚烧厂。日本变成了"二噁英大国"。要知道，二噁英的毒性相当于剧毒物质氰化物的130倍，砒霜的900倍。它会让胎儿生长不良，哺乳期的婴儿患疾，男性不育，女性青春期提前，同时它还有致癌性。而城市垃圾由于成分复杂，在当时处理工艺不是很先进的情况下焚烧会产生二噁英，如果不能埋，不能烧，怎么办？

日本人开始将目光投向垃圾回收。他们终于发现，治理垃圾污染光靠末端处理是不够的，一定要从垃圾生产的源头减量。这个源头就是日本的居民。

1.8.3.2 垃圾分类政策

1997年实施《容器包装循环利用法》中，将玻璃容器、塑料瓶、纸质包装盒、塑料包装盒（餐盒）、不锈钢罐、铝制易拉罐和纸箱等挑选出来，单独成类，以便进行回收利用。

1999年，日本在《循环型社会形成推进基本法》中提出了"3R"理念（见图3.42）：Reduce（减量化）、Reuse（再使用）、Recycle（循环利用）。

▶ 图1.42 3R理念

"Reduce（减量化）"，就是尽可能少制造垃圾，对过度消费说不。

"Reuse（再使用）"是鼓励大家延长产品和零件的使用时间。自己家里确实不需要的东西，可以在经过精心处理之后，放到跳蚤市场上给需要的人们使用。

"Recycle（循环利用）"是把可经过简单工业加工，再次制成新品的材料收集起来。

"3R"精神从此在日本扎了根，一直延续至今。

1.8.3.3 垃圾分类标准

日本的垃圾主要分成资源垃圾、不可燃性垃圾、可燃性垃圾和大件垃圾（见图1.43），下面又会有很多细分类。日本不同城市的垃圾细分类种类又有很大差异，少的地方有7～8种，多的话会有20多种，德岛县上胜町地区更是多达45种之多。

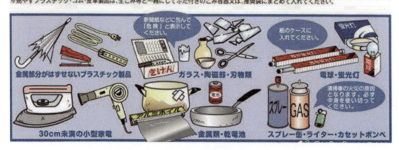

▶ 图1.43 日本日常生活垃圾分类

(1) 资源垃圾

1) 瓶罐垃圾

装过饮料、食物、调料的各类瓶子都算瓶罐垃圾。扔的时候还不能直接扔,要把瓶子上的标签纸去掉,瓶盖也要拧下来,瓶盖和瓶子单独分类(见图1.44)。金属的瓶盖属于不可燃性垃圾,塑料瓶盖则是可燃垃圾。

扔饮料瓶过程:

① 喝光或倒光;

② 简单水洗;

③ 去掉瓶盖,撕掉标签;

④ 踩扁或置于相应收集筐内。

根据各地的垃圾收集规定,人们应在"资源垃圾日"拿到指定地点,或者丢到商场或便利店设置的塑料瓶回收箱。

▶ 图1.44 单独分类的瓶子

2) 塑料容器包装

方便面盒子、快餐盒、保鲜膜、塑料袋、洗浴用品的瓶子都属于容器包装。

重要的是，所有的容器，要洗干净再扔，并且需要分开投放（见图1.45）。

▶ 图1.45 分开投放的瓶罐盒子

在日本小学里，学生都在学校集体吃午餐，午餐中有一盒纸包装的牛奶，每个小朋友把牛奶喝完后，要自己负责把牛奶纸盒洗干净，而且还不能用自来水洗，这样浪费水，而是排队在一个水桶里洗。洗好后，放在通风透光的地方去晾晒，到第二天，把前一天晒好的牛奶纸盒用剪刀剪开摊平，以方便打包收集。牛奶盒使用及回收过程如下：

① 在教室里，小朋友把牛奶盒里的牛奶喝得干干净净；

② 在装着水的桶里用水来清洗牛奶纸盒；

③ 因为已经养成习惯，小朋友一个接一个地来清洗；

④ 把洗好的牛奶盒水倒干后放在通风透光处晾晒；

⑤ 把前一天晒好的牛奶盒用剪刀剪开，方便收集；

⑥ 工作人员来收集同学们的牛奶盒。

3）报纸、纸箱等其他纸类

在日本，纸张属于非常宝贵的再利用资源。日本随处都能看到再生纸，比如公共场合里放置的厕纸都是再生纸制作的。虽然作为可回收资源，到最后都是会被分解的，但扔的时候还是很有章法。报纸杂志类得捆成十字形（见图1.46）；纸箱也需要拆开用绳子捆好（见图1.47）。

▶ 图1.46　已捆绑完成的报纸杂志类　　▶ 图1.47　已捆绑好的纸箱

（2）不可燃性垃圾

玻璃陶罐、小型家电、锅碗瓢盆都属于此类（见图1.48）。

▶ 图1.48　等待收运的不可燃性垃圾

（3）可燃性垃圾

可燃性垃圾很多，基本可燃的都能扔。厨余算作可燃垃圾，卫生纸也属于可燃性垃圾，但后者扔之前得用黑袋子装起来，再装入相应垃圾袋（见图1.49）。

▶ 图1.49　等待收运的可燃性垃圾

（4）大件垃圾

大件垃圾，顾名思义就是大型家具、电器，自行车之类的垃圾。这些东西可不能随便扔，得打电话给大型垃圾受理中心。然后买一张大型垃圾张贴券，贴好以后才能扔。一般扔一件大型垃圾300～5000日元（见图1.50）。

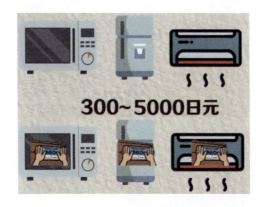

▶ 图1.50　扔大件垃圾之前需要贴券

1.8.3.4 在日本如何扔垃圾？

在日本垃圾回收的时间是固定的，错过了就要等下一次（见图1.51）。比如周二、周五是扔可燃性垃圾，周四、周六是扔瓶罐垃圾，周三是资源回收。另外厨余垃圾被叫作"生垃圾"，因为它会腐败并产生味道，因此一周有两次回收的时间。每年12月，市民会收到一份年历，每天的颜色不同，这些颜色分别代表不同垃圾的回收时间。

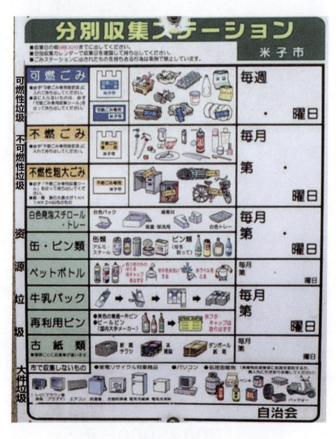

▶ 图1.51　不同种类的垃圾收运时间不同

做好垃圾分类只是基本要求，每个县市都有自己固有的垃圾袋子（见图1.52）。搬到别的地方之后就没法再用之前的垃圾袋，得重新买。另外，每个地方每种垃圾扔的时间也都不同。

▶ 图 1.52 政府规定的垃圾袋种类和样式

随心所欲扔垃圾是不存在的，也绝不会有人给你善后。如果错过扔垃圾的时间造成垃圾堆积，可能会被邻居投诉。

看到这里，你是不是想说，扔个垃圾也这么麻烦！垃圾随便扔出去，反正又不知道是谁扔掉的。这招是行不通的，我国的垃圾袋多半是黑色或者是不透明的，而日本规定的垃圾袋必须是白色透明或半透明的，这样可以让收集垃圾的工人看清里面装的是什么，也可以让邻居相互监督。如果你不按规定处理垃圾，就会被点名批评，还会收到警告通知。这样做在邻居眼里是缺少素质的人，会受到周围人的嫌弃，甚至遭到邻居排挤。

在日本，市民如违反规定乱扔垃圾，就是违反了《废弃处置法》，会被警察拘捕并罚以3万~5万日元的罚款，日本街道各处也会有分类投放警示（见图1.53）。但是垃圾分类投放已经成为日本民众的一种自觉行为，如果你不严格执行垃圾分类的话，将面临巨额的罚款，在以住宅团地为单位的区域社会，落下个"不履行垃圾分类"的名声，那是非常丢人的事情。

▶ 图 1.53　公共场所路灯杆上的垃圾分类投放警示

　　日本基本上很难看到公用垃圾桶。首先人工费很高，其次日本人坚持不给他人添麻烦。所以，如果你在日本大街上买了一盒牛奶，在路上喝完了不要想立马能找到垃圾桶。你只能带着这个盒子，回到你的住所或者办公地点；或者你也可以带到商店投递在商店门口的垃圾桶中（见图 1.54）。

▶ 图 1.54　商店门口的分类垃圾桶

到日本留学的人经常开学第一堂课，不学日语，不做研究，而是由老师带着他们演习两小时的垃圾分类，最后还总结一句："想要在日本生活，你们必须得学会垃圾分类，这是生存的基础。"

在日本，丢垃圾都是充满人文关怀的，很多垃圾丢弃过程充满感人的细节。比如：

① 丢弃的报纸会捆扎得整整齐齐；

② 丢弃的废电器、电线会捆绑在电器上；

③ 扔掉可使用的自行车上会贴一张小纸条——"我是不要的"；

④ 盛装液体的容器，是被烘干、清洗干净后扔掉的；

⑤ 带刺或锋利的物品，要用纸包好再放到垃圾袋里；

⑥ 用过的喷雾器，一定要扎个空，防止出现爆炸现象。

在日本，有很多环保的生活习惯在家庭里传承，比如吃完饭后，有油的碟子要先用废报纸（日本的油墨是大豆做的）擦干净再拿去清洗，这样会减少使用洗涤剂和让难分解的油污进入下水道。日本超市里的塑料盒被主妇们带回家，她们把菜拿出来后，会把塑料盒洗干净，自觉送回超市（见图1.55）。

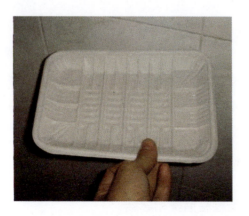

▶ 图1.55　用完的塑料盒送回超市

厨房的废油在日本是这样处理的。主妇们会自己出钱去超市购买一种凝固剂,凝固剂倒入废油,油就成为固体了,然后将固体的油用报纸包好,作为可燃垃圾处理掉。日本的食品及其他生活用品以纸包装、环保包装居多。从自动贩卖机购买一盒纸装饮料,价格中含有10日元押金,当消费者饮用完毕,将折叠好的纸包装投入旁边的自动回收机后,押金就会自动返还。在室外的自动贩卖机旁边一般也会设置瓶罐垃圾桶(见图1.56),其投递口专门设置成圆筒状,以提示大家此垃圾桶专门收纳瓶罐类物品。

▶ 图1.56　日本的室外自动贩卖机和瓶罐垃圾桶

日本从1980年就开始实行垃圾分类回收,如今已经成为世界上垃圾分类回收做得最好的国家。目前,日本每年人均垃圾生产量只有410kg,为世界最低。更重要的是,垃圾分类投放已经成为日本民众的一种自觉行为,即使没人监督也会严格执行。当每个人都将垃圾分类当成是日常生活一部分时,垃圾分类就像每天吃饭喝水一样,不会忘记,也不会出错。当这些行为成为习惯时,它就是一种理所当然的行为。

1.8.4 国外垃圾分类经验借鉴和总结

(1)要进一步明确垃圾分类的真正目的

现在大家都在说垃圾分类,但关于垃圾分类的目的没有多少人去了解。

只有真正了解它的目的，才能建立与垃圾末端处理技术相适应的分类模式。纵观国际上顺利开展垃圾分类国家的不同模式，可见垃圾分类的目的体现在三个方面，总结起来就是"一减、二降、三提升"。

"一减"：减少进入终端处理厂，包括填埋场和焚烧发电厂的垃圾量；

"二降"：一是降低人均垃圾产生量，二是降低垃圾清运量；

"三提升"：一是提升资源回收利用率，二是提升城市环境质量，三是提升全民文明素质。

（2）提高居民垃圾分类知晓率、参与率和准确率

提高居民垃圾分类的知晓率、参与率和准确率需要多种方式进行宣传、激励，并且开展行之有效的措施，建立长效机制。

如有些城市使用基于互联网、物联网的智能设备，启动了垃圾分类"互联网+资源垃圾"回收方式，开通垃圾分类微信公众号，实行"线上交易+线下物流"结合。如广州市、深圳市探索推行"互联网+分类回收"，建立了APP移动平台，实现垃圾分类信息化管理。

（3）构建分类、收运和末端处理的完善体系

分类收运和对应的末端体系构建是前端居民顺利开展垃圾分类的保证。末端处理设施的建设必须和前端分类模式相统一，并坚持以末端处理方式决定前端的分类模式。

日本的无限分类方式与末端以焚烧为主的处理方式相适应，美国的简单分类方式与末端以填埋为主的处理方式相适应。国际经验表明，垃圾分类方式要和末端处理方式相匹配，如果以前端分类模式决定末端处理方式，末端处理设施建设就得跟上。

但我们的国情决定了我们既不能盲目照搬照抄日本经验，搞无限分类，大规模上焚烧设施，造成产能过剩、资源浪费；也不能盲目照搬照抄美国经验，大规模建设垃圾填埋场。我们的末端处理方式与国情是相适应的，那么前端垃圾分类模式也要与国情相适应，以末端处理方式统一前端垃圾分类模式。

1.9 国内哪些城市率先迈开了垃圾分类的步伐？

1.9.1 北方代表——北京

北京是国家中心城市、超大城市，全国政治中心、文化中心、国际交往中心、科技创新中心，是世界著名古都和现代化国际城市。在生活垃圾分类工作中北京也走在了全国各个城市的前面。

1.9.1.1 北京垃圾分类历程

1957 年，北京率先全球提出"垃圾分类"。

1996 年前后，北京多个小区试点"垃圾分类"，但由于后端处理设施缺位，分类垃圾桶大多成了"摆设"。

2000 年，住建部确定北京等 8 个城市试点垃圾分类，开始"可回收""不可回收"两分法的推广。

2009 年，北京市委、市政府发布《关于全面推进生活垃圾处理工作的意见》。确立垃圾分类按照大类粗分的标准，分为可回收物、厨余垃圾和其他垃圾三类。

2010 年，北京提出创建垃圾分类达标小区，全市 3000 多个小区配备了垃圾分类设备。

从 1957 年，北京在全球最早提出"垃圾分类"的概念，到 1996 年北京第一个试点小区开始行动，再到 2017 年 3 月起，市人大常委会对垃圾分类开启执法检查，新的垃圾分类热潮再次来到。

1.9.1.2 历史：北京 60 年前就曾垃圾分类

如果追溯北京垃圾分类的历史，你可能想不到，全球公认最早出现垃圾分类的城市就是北京。1957 年 7 月 12 日，《北京日报》头版头条发表文章《垃圾要分类收集》。当时提出垃圾分类的背景是"勤俭建国",在此背景下,废品回收业十分发达,市民会把牙膏皮、橘子皮、旧报纸等分门别类送到废品站换钱。

真正意义上的垃圾分类则开始于20世纪90年代末。1996年,在政府指导下,西城区大乘巷社区成为第一个试点垃圾分类的小区,最初,6个大垃圾桶贴着不同标志,分别收集报纸书本、塑料泡沫、碎玻璃和废铜烂铁。到了2000年左右,小区的垃圾桶变为厨余垃圾、可回收垃圾和其他垃圾。

2008年北京建起第一座垃圾焚烧厂(见图1.57),在2008年前,北京对垃圾的处理方式多数是填埋。

▶ 图1.57 北京阿苏卫生活垃圾焚烧发电厂

1.9.1.3 现状:分类指导员成了二次分拣员

2010年,北京提出创建垃圾分类达标小区,600个首批垃圾分类试点小区建立。这些小区都配备了标有"厨余垃圾""可回收物""其他垃圾"和"有害垃圾"的四个分类垃圾桶。北京城市管理委员会的统计数据显示,2010年,全市已有3000多个小区成为垃圾分类试点小区,配备了垃圾分类设备,占到有物业管理小区的80%。

此时,全市还招募了2万余名"绿袖标"。他们的职责是指导居民进行垃圾分类。不过从现实来看,这些分类指导员往往已经变成了"二次分拣员"(见图1.58)。每月600元补贴,每天2小时对垃圾桶的垃圾进行分类。

▶ 图 1.58　北京某小区"绿袖标"二次分拣员

说起多年来设施和人员投入取得的效果，北京市城市管理委员会（简称市城管委）固废处相关负责人认为，经过多年来的努力，居民分类投放的意识确实是在增强的。还有居民打电话主动要求自己所在的小区开展垃圾分类。

虽有成效，但存在一些问题。有市民反映"知道垃圾分类，但不知道该怎样分，更不知道垃圾分类的意义到底在哪"。还有市民表示，曾经参与过垃圾分类，但是每次投放时发现写有厨余垃圾的桶里什么都有，很多垃圾桶仍旧是混合投放（见图 1.59）。

▶ 图 1.59　生活垃圾混合投放

1.9.1.4 问题：一些配套实施办法尚未出台

有关部门就垃圾分类工作发布了检查发现的问题。包括条例知晓率不高、普及率不高，无论是公共机构还是市民都存在着认识不高、自觉参与不够的问题。

垃圾分类推进力度不够，进展缓慢。市级财政近两年来没再持续对居住小区垃圾分类的收集运输给予资金投入，垃圾分类试点小区还存在"先分后混"的现象。排放登记制度尚未建立、垃圾产生量底数不清，餐厨垃圾规范化收运覆盖率较低，部分餐厨垃圾去向不明。规划建设还需进一步加强，处理设施滞后。一些配套实施办法尚未出台，比如生活垃圾处理收费办法、生活垃圾分类标准和办法等。

对于梳理出的问题，政府部门、相关专家也表示赞同。垃圾分类相关负责人在分析存在的主要问题时说，垃圾分类社会自治长效机制还有待搭建，前端宣传工作与市民参与缺乏黏性，入户机制有待落实，未形成参与分类的稳定基础群体。末端处理能力方面，由于处理设施选址难、建设周期长等问题，垃圾处理能力虽然逐年提升，但与生活垃圾产生量的快速增长相比仍存在差距。

另一个问题是再生资源市场低迷，回收人员减少，回收网点严重萎缩，各级分拣中心尚未纳入城市基础设施建设统筹规划。快递包装、电子垃圾快速增长，也给垃圾管理提出了新的课题。

1.9.1.5 对策：每区设至少一个试点街道

面对一系列问题，"垃圾围城"该如何破解？

2017年3月，国务院办公厅发布《生活垃圾分类制度实施方案》，到2020年年底，要在包括北京在内的46个城市先行实施生活垃圾强制分类（见表1.6），生活垃圾回收利用率要求达到35%以上。强制的主体包括了公共机构和相关企业，如党政机关、事业单位、社团组织、学校、医院、车站、宾馆、饭店、购物中心等机构。

▶ 表1.6 46个生活垃圾强制分类城市

省会城市			直辖市	计划单列市	第一批生活垃圾分类示范城市
哈尔滨	石家庄	武汉	北京	大连	邯郸
长春	太原	福州	天津	青岛	苏州
沈阳	郑州	广州	上海	宁波	铜陵
乌鲁木齐	济南	贵州	重庆	厦门	宜春
呼和浩特	南京	昆明		深圳	泰安
拉萨	合肥	南宁			宜昌
西宁	杭州	海口			广元
银川	长沙				德阳
西安	成都				日喀则
兰州	南昌				咸阳

市城管委固废处相关负责人表示北京正在研究这方面的实施方案，正逐步推行党政机构、学校、医院等公共机构和餐饮单位、宾馆、超市等进行垃圾强制分类。2019年北京市还将创建垃圾分类处理示范片区，16个区每区至少设一个街道作为试点，其他街道至少有一个社区作为试点。

除此之外，将研究制定各区的垃圾排放总量的限额管理，排放垃圾超出限额，费用将提高；探索推进由快递企业对包装物定向回收；垃圾分类知识进校园活动等。"源头减量化是解决垃圾问题的重要环节，"说起破解"垃圾围城""净菜进城""限制包装""限制一次性用品使用""旧货交易""不剩餐""废品回收"，这些都是与垃圾分类密切相关的减量化、资源化措施，需要多部门联合去完成。

经过长时间的尝试，尤其是2017年《生活垃圾分类制度实施方案》发布之后的步伐逐步加快，北京生活垃圾分类目前已逐渐初步步入正轨。在2019年上半年的46个垃圾分类强制城市中排名前十。

1.9.2 东部代表——上海

上海市是中国经济、金融、贸易、航运、科技创新中心。上海市是全国第一个进行垃圾分类立法的城市。

1.9.2.1 上海垃圾分类历程

2018年3月16日,上海市政府网站正式发布《关于建立完善本市生活垃圾全程分类体系的实施方案》。至此,上海建成生活垃圾分类投放、分类收集、分类运输、分类处理的全链条管理制度。以全球卓越城市为目标的上海,垃圾分类的道路可谓坎坷曲折,下面我们回顾一下上海垃圾分类的历史进程。

（1）试点阶段（1995~1998）

上海试点垃圾分类阶段不同时间的实施工作和垃圾分类方式见表1.7。

▶ 表1.7 上海试点垃圾分类阶段不同时间的实施工作和垃圾分类方式

年份	实施工作	分类方式
1995	曹杨五村第七居委会的一个居住区启动垃圾分类试点	有机垃圾,无机垃圾,有害垃圾；废电池、玻璃专项分类
1998	开展废电池、废玻璃专项分类回收	

（2）推广阶段（1999~2006）

上海推广垃圾分类阶段不同时间的实施工作和垃圾分类方式见表1.8。

▶ 表1.8 上海推广垃圾分类阶段不同时间的实施工作和垃圾分类方式

年份	实施工作	分类方式
1999	垃圾分类工作纳入上海市环保三年行动计划,出台《上海市区生活垃圾分类收藏、处置实施方案》等文件	有机垃圾、无机垃圾、有害垃圾；废电池、玻璃专项分类
2000	首批100个小区启动垃圾分类试点,上海成为我国8个垃圾分类试点城市之一	2000~2003年"有机垃圾、无机垃圾"调整为"干垃圾、湿垃圾"
2002	重点推进焚烧区垃圾分类工作	

续表

年份	实施工作	分类方式
2006	全市有条件的居住区垃圾分类覆盖率超过60%	2003～2006年 焚烧区域：不可燃垃圾、有害垃圾、可燃垃圾； 其他区域：可堆肥垃圾、有害垃圾、其他垃圾

（3）调整阶段（2007～2013）

上海调整垃圾分类阶段不同时间的实施工作和垃圾分类方式见表1.9。

▶ 表1.9 上海调整垃圾分类阶段不同时间的实施工作和垃圾分类方式

年份	实施工作	分类方式
2007	逐步推进垃圾四分类、五分类新方式	2007～2010年 居住区：有害垃圾、玻璃、可回收物、其他垃圾； 办公场所：可回收物、其他垃圾； 其他：装修垃圾、大件垃圾、餐厨垃圾、一次性塑料饭盒等实施专项收运、专项处置
2009	世博园周边区域垃圾分类覆盖率100%	
2010	全市有条件的居住区垃圾分类覆盖率超过70%	
2011	"百万家庭低碳行，垃圾分类我先行"1080个试点小区	2010～2013年 大分流：装修垃圾、餐厨垃圾、大件垃圾等； 小分类：有害垃圾、玻璃、废旧衣物、湿垃圾、其他干垃圾等

（4）实施阶段（2014至今）

上海实施垃圾分类阶段不同时间的实施工作和垃圾分类方式见表1.10。

▶ 表 1.10　上海实施垃圾分类阶段不同时间的实施工作和垃圾分类方式

年份	实施工作	分类方式
2014	《上海市促进生活垃圾分类减量办法》	可回收物、有害垃圾、干垃圾、湿垃圾
2017	《上海市单位生活垃圾强制分类实施方案》	
2018	《关于建立完善本市生活垃圾全程分类体系的实施方案》	

看到这里，大家是不是被变来变去的分类方式绕晕？其实总结来看，上海市实施垃圾分类经历了 5 种不同的分类标准：

① 第一次分类标准为有机垃圾、无机垃圾和有毒有害垃圾；

② 第二次分类标准为干垃圾、湿垃圾和有害垃圾；

③ 第三次分类标准为废玻璃、有害垃圾、可燃垃圾、可堆肥垃圾和其他垃圾；

④ 第四次分类标准分出居住区和企事业单位两大类，前者按照"有害垃圾、玻璃、可回收物、其他垃圾"四类分，后者按照"可回收物、其他垃圾"两类分；

⑤ 第五次分类标准为"四分类"：可回收物（蓝色）、有害垃圾（红色）、湿垃圾（棕色）、干垃圾（黑色）。

最终形成了上海目前"四分类"的分类标准，并沿用至今。

1.9.2.2 垃圾分类问题多多

上海市垃圾分类实施多年，政策体系不断完善，但政策制定与执行上的脱节常常为人诟病。

（1）分类政策的不延续性造成居民困惑

垃圾分类的种类和名称的几经修改，不仅会让居民产生分类行为上的困惑，也会对他们造成消极的影响，对垃圾分类的成功失去信心。很多居民认为"垃圾分类"只是一时兴起或者三分钟的热度,"垃圾分类"变为一种空口号,人们口头上说说而已。政策的不稳定性不仅会造成政策资源和社会资本的浪费,也会使公众丧失对政府和政策的信任和信心。

(2)以信息提供为主、自上而下的宣传方式传播效果不佳

社区开展垃圾分类,一般的宣传策略为宣传册发放、海报张贴或电子屏通知的方式。这种以信息提供为主,层层传达是政府采取的主流宣传模式,这种模式可被大规模地应用,但往往不能取得很好的效果。也就造成了个别小区垃圾分类开展如火如荼,大部分小区实施垃圾分类多年,居民竟不知晓或者不认识分类垃圾桶的情况。

(3)垃圾分类设施不完善导致垃圾分类无法实施

垃圾分类设施是居民社区开展垃圾分类的最基本条件,例如不同种类和足够数量的分类垃圾桶。现实情况由于各种原因导致的垃圾桶数量不足、垃圾桶混用,使得居民源头分类好的垃圾无法分类投放,大大降低居民参与的积极性。

(4)责任分工不明确导致垃圾的混装混运

生活垃圾全程分类涉及众多环节,居民源头分类、保洁员二次分拣、清运公司的分类清运都是影响垃圾分类效果的关键环节,甚至还会相互影响。很多小区聘请保洁员对居民分得不好的垃圾进行二次分拣,这不但没能促使居民更好地参与分类,反而让很多居民认为垃圾分类是保洁员的责任。清运公司不负责任将干湿混装收运的行为也打击了很多认真做分类居民的积极性。

1.9.2.3 改进方向:以确定分类方案

上海市第十五届人民代表大会第二次会议于2019年1月31日通过了《上海市生活垃圾管理条例》,该条例自2019年7月1日起施行,也就意味着2019年7月1日起上海实行生活垃圾强制分类,实行"四分类"标准:有害垃圾、可回收物、湿垃圾、干垃圾(见图1.60)。

▶ 图 1.60　上海生活垃圾"四分类"标准

（1）有害垃圾

是指对人体健康或者自然环境造成直接或者潜在危害的零星废弃物，单位集中产生的除外。主要包括废电池、废灯管、废药品、废涂料桶等。

（2）可回收物

是指适宜回收和可循环再利用的废弃物。主要包括废玻璃、废金属、废塑料、废纸张、废织物等。

（3）湿垃圾

是指易腐的生物质废弃物。主要包括剩菜剩饭、瓜皮果核、花卉绿植、肉类碎骨、过期食品、餐厨垃圾等。

（4）干垃圾

是指除有害垃圾、湿垃圾、可回收物以外的其他生活废弃物。

经过长时间的尝试，尤其是 2018 年《生活垃圾分类制度实施方案》发布之后的上海的垃圾分类步伐逐步加快，并且于 2019 年 7 月 1 日在全国各大城市中率先强制进行垃圾分类，生活垃圾分类投放指南等也相继发布（见图 1.61），目前上海生活垃圾分类已顺利开展。在 2019 年上半年的 46 个强制垃圾分类城市中排名前五。

▶ 图1.61 上海市生活垃圾分类投放指南

1.9.2.4 垃圾分类效果初显

自从 2019 年 7 月上海垃圾管理新规落地以来，上海绿化市容局最新的数据显示：湿垃圾清运量显著增加，干垃圾明显减少。截至 2019 年 10 月底，上海可回收物回收量达到 5960t /d（指标量：3299 t/d），较 2018 年 10 月增长了 4.6 倍；湿垃圾分出量约达到 8710 t/d（指标量：5520 t/d），较 2018 年 10 月增长了 1 倍；干垃圾处置量控制在低于 14830 t/d（指标量：21000 t/d），比 2018 年 10 月减少了 33%；有害垃圾分出量 1 t/d，比 2018 年日均量增加 9 倍多。

2019 年第三季度，上海市居住区垃圾分类达标率快速提高，各处垃圾分类宣传已常态化（见图 1.62），已由 2018 年年底的 15% 提升至 80%，居民普遍参与垃圾分类，部分居住区的居民垃圾分类习惯良好，已不需志愿者值守。

▶ 图1.62　上海道路两侧随处可见的垃圾分类宣传标语

有关研究学者表示，湿垃圾分出量是检验垃圾分类成果的重要指标之一。垃圾分类后，一方面有回收价值的物品将不再被湿垃圾污染；另一方面干垃圾焚烧成本降低，而且湿垃圾可以制成肥料、沼气等。

此外，干垃圾中混有的湿垃圾含量降低后，焚烧炉燃烧稳定性有了明显提高。通过垃圾分类，干垃圾的热值从 3500～5000 kJ/kg 提升到 10000 kJ/kg 以上，大大提升了垃圾焚烧和发电效率。

湿垃圾分拣去除塑料袋等杂质后，经过粉碎、蒸煮、提油等步骤，被送入厌氧罐进行发酵产生沼气，每吨湿垃圾能产生沼气约 80m³，燃烧后可发电 150kW·h 左右。

相比于分类之前的混合生活垃圾，分类后的垃圾经济和生态价值显著提高。

1.9.3 南方代表——深圳

作为全国先行实施生活垃圾强制分类的 46 个城市之一，深圳是典型的经济大市、人口大市和环境容量小市，在不到 2000km² 的土地上生活着 2000 多万人口，每天产生的生活垃圾超过 2 万吨，给城市持续健康发展带来巨大压力。

深圳一直将垃圾分类作为践行绿色发展理念、推动城市可持续发展的重要抓手，采用社会力量和专业力量相结合的工作思路及"大分流、细分类"的推进策略，不断完善顶层设计，建立分流分类、宣传督导、责任落实三大体系，努力提高回收利用率和居民参与率。但这条路，并没有那么好走。多年来，进展缓慢、分类习惯难养成、市场主体参与度不高……垃圾减量分类工作不断遭遇可持续性缺乏的瓶颈。

上述背景下，深圳更是探索出一套市、区、街三级部门，上下联动，有机协作的高效工作机制，为全国一线城市系统推进垃圾分类，破解垃圾分类难题，引导居民积极准确参与贡献出宝贵经验。

1.9.3.1 深圳垃圾分类探索的道路

（1）市级层面

为破解垃圾分类难题，近年来深圳不断强化垃圾分类的顶层设计和机构保障。

1）成立专门机构明确垃圾分类责任

2013 年 7 月 1 日，全国首个生活垃圾分类管理专职机构——深圳市生活垃圾分类管理事务中心挂牌成立。随后，各区生活垃圾分类管理机构也相继成立。

2015年8月1日，《深圳市生活垃圾分类和减量管理办法》施行，深圳开始全面推行生活垃圾分类。随后，相继出台国内首个垃圾分类专项规划、3个地方标准和7个规范性文件，形成了较为完备的规范标准体系。

为打通垃圾分类全链条，深圳还逐步推动建立覆盖全市的分流分类收运处理体系，培育了分流分类体系产业链。在前端分类环节，对废弃玻璃、金属、塑料、纸张和有害垃圾、厨余垃圾、废旧家具、废旧织物、年花年桔、果蔬垃圾、绿化垃圾、餐厨垃圾这九大类垃圾进行分类。一般每个小区设置固定的分类投放点（见图1.63）。在收运环节，深圳搭建起网上平台，建立各区招标企业专项清运回收制度。在后端处理环节，推动处理设施建设落地，开展资源化利用。

▶ 图1.63　深圳某小区分类投放点

此外，深圳还建立责任落实体系，压实区、街道、社区，机关企事业单位，物业服务企业，餐饮企业，集贸市场，收运、处理企业六类机构的垃圾处理和分类收运责任，从制度上确保垃圾分类工作层层落实。

而为保障制度有效实施，深圳还将生活垃圾分类工作纳入对各区政府的绩效考核，以及民生实事、治污保洁、生态文明考核，并运用信息化手段，对生活垃圾分类进行全过程监管。

2）全国首发家庭生活垃圾分类指引

居民是进行垃圾分类的主要参与者，教会居民如何正确开展生活垃圾分类就是一项重要工作。长期以来，由于缺乏相关指引，我国生活垃圾分类一直存在知晓率高但准确率偏低的现实。认知和行动的落差，也成为横亘在垃圾分类工作者面前的一道大难题。

为破解这一难题，深圳在 2017 年 6 月 3 日，正式发布全国首份《深圳家庭生活垃圾分类投放指引》，央视主持人白岩松在《新闻周刊》节目中评价，此举为垃圾分类工作带来了破局之力。目前，2018 版《深圳家庭生活垃圾分类投放指引》已经发布（见图 1.64），并通过多渠道发放入户，引导居民参与垃圾分类。

▶ 图 1.64 深圳家庭生活垃圾分类投放指引

3)推行"集中分类投放+定时定点督导"模式

自2015年深圳全面推行垃圾分类起,围绕将居民对垃圾分类的知晓率转化为行动力,深圳在全市住宅区和城中村配备了7000多组垃圾分类投放设施,并大力推行"集中分类投放+定时定点督导"住宅区垃圾分类模式。即楼层不设垃圾桶,在楼下集中设置分类投放点,安排督导员每晚7:00~9:00在小区垃圾分类集中投放点进行现场督导,引导居民参与分类、准确分类。目前,全深圳市805个住宅小区已率先实现这一垃圾分类模式,设置了2348个集中分类投放点(见图1.65),涉及48万户大约167万居民。

▶ 图1.65 垃圾分类收集亭(投放点)

(2)区级层面

围绕深圳垃圾分类路径,深圳各区目前已基本搭建起九大生活垃圾分类收运和处理体系、平台,并组织街道发动居民参与垃圾分类。其中,深圳南山区不仅率先完成全链条搭建,还实现全区垃圾"自产自销"。该区每天产生的2700t生活垃圾,通过九大分流体系实现减量600t后,其余全部区内焚烧,实现垃圾零填埋。除上述之外,南山区在建设大分流体系时的独特创意和构思也令人称道。

1）集约式利用空间好处多

据了解，2018年以前，深圳各区在建设九大分流处理末端时普遍存在各分流处理末端分散的问题，有的甚至找不到末端处理用地，不得不进行跨区协同处理。这样既不利于垃圾溯源，也不利于全链条监管，极大降低了居民对垃圾分类的信任感、获得感和认同感。

针对上述问题，南山区城管局结合南山实际情况，决定对各分流处理末端进行整合，提出集约化利用空间的概念，选址在塘朗山郊野公园西北侧，原平山垃圾填埋场作为南山区垃圾分类一体化暂存处理基地。经过3个月努力，多个非法占据场地的停车场、修理厂、废旧物品堆放场被取缔并清理干净，垃圾填埋场摇身一变成为南山区垃圾分类环境生态园。即年花年桔回植、废旧家具、纸塑玻金、果蔬垃圾、厨余垃圾、废旧电池及灯管分拣（处理）六大分流体系一体化处理基地。

2）"园林+花园"式环境生态园

以往一提到垃圾处理基地，人们总容易联想到脏乱臭。南山城管局决心改变这种局面，构建"园林+花园"式生活垃圾环境生态园。修缮道路，种草绿化，湿垃圾处理设施注意控制气味。特别是在200多亩的原平山垃圾填埋场原址上，该区还回种了5000多株、面积达20亩（1亩≈666.7m^2，下同）的年花年桔。其他生态园，例如盐田能源生态园、宝安能源生态园、南山能源生态园等也处处体现着生态环保理念。

（3）街道层面

如何充分激活社区民众参与力，让垃圾分类成为每一位市民的生活习惯、行动自觉，一直是深圳垃圾分类工作努力的重要方向。

如今，依托各基层街道的充分发动、考核倒逼以及"集中分类投放+定时定点督导"模式，深圳小区居民的参与率和准确率持续提升。

每天晚上7:00～9:00，深圳南山区"互联网+"垃圾分类督导系统——"E嘟在线"的打卡页面上，都会变成蓝色一片，每一个闪动的蓝色图标，就代

表一名垃圾分类督导员上岗了。每位督导员必须通过手机打卡，才能证明他完成工时，否则无效。

据了解，"E 嘟在线"是南山区南头街道在全国首创的垃圾分类智慧督导系统平台，其不仅可以对督导员（见图 1.66）的工作状态进行在线督导，还能远程指导居民如何正确进行垃圾分类，并将督导工作进行数据化统计分析。

▶ 图 1.66　居民在督导员的帮助下体验智能扫码投递垃圾

1.9.3.2 深圳盐田模式

在众多实践者中，盐田区的探索令人眼前一亮。自 2012 年正式启动垃圾减量分类试点以来，盐田区结合辖区实际，充分运用现代化科技手段，构建了城市生活垃圾前端分类、中端收运、末端处理各环节环环相扣的工作格局和第三方监管全链条条条相连的管控体系。

居民生活垃圾是垃圾减量分类工作中的难点。而在盐田区像中英街壹号、蓝郡西堤等小区，目前居民垃圾减量分类参与率长期保持在 85% 左右。

刚开始小区实行垃圾分类的时候，由于不懂这方面的知识，加上参与了能带来什么效益也不清楚，所以大家都很抵触。但为配合设备技术，现在盐田区，乃至全深圳都在推行智能垃圾前端分类回收设备。

相比于传统的生活垃圾收集桶，这款新型的"小区资源回收站"（见图1.67）不仅提供了生活垃圾九分类箱口、宣传栏以及一系列的自动称重、满桶提示等人性化功能，还搭载了将生活垃圾可视化的大数据监控服务系统。

▶ 图 1.67　小区资源回收站

点击设备显示屏，根据屏幕显示依次点击账号注册、登录，将垃圾放到自动称重台，选择投放垃圾的种类，点击投放，最后将垃圾投入对应的分类箱口，通过智能设备分类投放的垃圾会被记录到居民的个人账户里，并转换成对应的积分值，这些积分，是可以用来换取生活用品的。

据了解，目前盐田区在 228 个物业小区（含城中村）、机关企事业单位、学校等场所共投放了 350 套室外智能新型垃圾分类回收设备（见图1.68），相比于传统的生活垃圾收集桶，这款新型设备不仅具备生活垃圾分类箱口、宣传栏以及自动称重、满桶提示等人性化功能，还搭载了将生活垃圾可视化的大数据监控服务系统。

▶ 图1.68 室外智能新型垃圾分类回收设备

生活垃圾分类管理有以下秘诀。

（1）秘诀一：用好"高位推动"这把利剑

生活垃圾减量分类处理，是缓解"垃圾围城"的有效方式，需要久久为功、高位推动。盐田区便将其作为"一把手"工程来抓，建立主要领导挂帅和分管领导常抓的领导机制。

盐田区委领导多次对垃圾分类工作作出批示指示，强调要将生活垃圾减量分类工作视为生态文明建设的关键之举，大力推广应用"互联网+"智能化垃圾减量分类，努力营造舒适顺心的人居环境，打造美丽中国典范城区。

盐田区领导化身一线宣传员，以身作则，率先垂范，面向全区带头示范垃圾减量分类投放流程，宣传讲解智能化分类的投放技巧，分类路径和管理手段，号召全区人民了解、支持、参与垃圾减量分类工作，为建设宜居宜业宜游的现代化国际化先进滨海城区贡献力量。

盐田区还建立了城管工作推进会和专题现场会等议事机制，制定了《盐田区生活垃圾减量分类工作实施方案（2016~2020）》，建立了生活垃圾减量分类工作绩效考核制度、信息公开与舆论监督制度，高位推动生活垃圾减量分类各项工作，形成顶层设计上集思广益、部门协作上通力配合、监督指导上顺畅高效的工作格局。

(2)秘诀二:抓住"系统建设"这个"牛鼻子"

建设完善、高效的生活垃圾分类系统,是确保生活垃圾减量分类最终实现减量化、资源化利用和无害化处理的基础工程。盐田区着重建设生活垃圾分类系统,通过分类设施设备、分类分流体系、处理基地及监管网络的建设,探索建立了"四个全覆盖"的管理体系,形成了前端智能化收集、中端分类收运、后端分类处理、全流程智能化监管的生活垃圾分类系统。

同时,盐田区把分类收集、收运、处理等工作统一打包,聘请专业公司进行一体化运营,打通日常各运转环节,使分类系统各环节协同一致、无缝连接,实现了分类系统的高效运转。

(3)秘诀三:广泛发动民众参与

培养民众生活垃圾分类习惯,吸引民众参与生活垃圾分类,是关系生活垃圾分类可持续发展的关键。盐田区通过多方联动形成合力,坚持组织运营公司、小区物业和居委会、志愿者、义工等进小区、访住户,定期入户指导,开展"蒲公英计划"和"资源回收日"等系列宣教活动(见图1.69)。

▶ 图1.69 资源回收日公众参与

盐田区还以1∶1的比例聘用督导员，5∶1的比例配备指导员，每天早晚居民垃圾投放"高峰时段"进行桶边督导，培养民众生活垃圾分类良好习惯。此外，为提升市民的参与感和获得感，盐田区每年投入1000万元专项资金，对参与分类的民众赠送"碳币"和小礼物，引导居民自觉参与、源头分类、家庭分拣、精确投放，激发居民参与生活垃圾分类的积极性。

（4）秘诀四：强化监督，落实责任

推进生活垃圾分类，需要柔性的鼓励和引导，更需要刚性的执法和监督。在法律明确相关责任主体的基础上，盐田区通过与运营公司、物业公司、街道办签订"四方责任合同"，明确各方的责任义务，定期开展生活垃圾分类绩效评估检查和专项执法活动，压实管理责任，建立了生活垃圾分类督导评价、执法检查、责任追究等机制，通过硬性约束引导全民参与生活垃圾分类。

1.9.3.3 数说深圳垃圾分类

（1）废旧家具

通过建立预约回收制度，定点投放、预约清运。目前，全市建成废旧家具拆解、利用设施21处，收运处理废旧家具710 t/d。

（2）废旧织物

在全市住宅区（城中村）设置专用回收箱4300个，收运处理废旧织物10 t/d。

（3）玻金塑纸

在全市住宅区（城中村）全面设置分类收集容器，回收玻金塑纸46 t/d。

（4）年花年橘

每年在元宵前后提前向社会公布预约回收电话，集中开展年花年桔回收活动。2019年元宵节前后累计收运处理年花年桔167万盆，将其中的95450株进行了回植，回植数量较2018年大幅增加，超过50%。

（5）绿化垃圾

全市市政公园及道路养护每天产生绿化垃圾约 800 t，已建成 30 处中小型处理设施，收运处理绿化垃圾约 630 t/d。

（6）果蔬垃圾

全市集贸市场、大型商超每天产生果蔬垃圾约 400 t，目前收运处理量约 240 t/d。

（7）餐厨垃圾

全市每天产生餐厨垃圾约 1800 t，已建成罗湖、南山、盐田、龙岗、龙华 5 座处理设施，主要工艺为厌氧消化产沼发电，集中收运处理餐厨垃圾约 1100 t/d。

（8）有害垃圾

全市共设置废电池回收箱 2.1 万个，废灯管回收箱 1.1 万个。2018 年全市累计回收废电池 72t，废灯管 135t。

（9）厨余垃圾

在具备条件的居民小区增设厨余垃圾收集容器，并配套设置洗手台，逐步开展家庭厨余垃圾精细分类，打造生活垃圾分类 3.0 版本。目前收运处理量 45 t/d。

经过长时间的尝试，尤其是 2018 年《生活垃圾分类制度实施方案》发布之后，深圳市在垃圾分类工作中进展迅速，在 2019 年上半年的 46 个垃圾分类强制城市中排名前三。

第 2 章

生活垃圾分类中政府的角色

2.1 出台政策法规是必要保障

自 2015 年 9 月，中共中央、国务院印发《生态文明体制改革总体方案》并提出加快建立垃圾强制分类制度以来，国家始终高度重视垃圾分类制度的健全和推广。

2016 年年底的中央财经领导小组会议中，国家对垃圾分类工作的重视是该项工作持续推进的重要助力。

近年来，国家层面已明确垃圾分类的方向，地方层面正逐步细化实施，垃圾分类政策不断加码。

2.1.1 国家级垃圾分类有关政策文件

为推进垃圾分类工作顺利开展，从国务院办公厅到住建部、发改委等部门先后发布各类文件、办法、通知，其中已发布的部分国家级垃圾分类文件见表 2.1。

▶ 表 2.1 已发布的部分国家级垃圾分类文件

时间	发布单位	发布文件
2017 年 3 月 18 日	国务院办公厅	关于转发发改委、住建部《生活垃圾分类制度实施方案的通知》
2017 年 10 月 18 日	国家机关事务管理局、住建部、发改委、中宣部、中直管理局	印发了《关于推进党政机关等公共机构生活垃圾分类工作的通知》
2017 年 12 月 20 日	住建部	《关于加快推进部分重点城市生活垃圾分类工作的通知》
2018 年 7 月	发改委	《关于创新和完善促进绿色发展价格机制的意见》

续表

时间	发布单位	发布文件
2018年7月	住建部	《城市生活垃圾分类工作考核暂行办法》
2019年4月	住建部	《关于在全国地级及以上城市全面开展生活垃圾分类工作的通知》
2019年6月	国务院常务会议	《中华人民共和国固体废物污染环境防治法》

2.1.2 省级垃圾分类有关政策文件

（1）华南地区：广东省、广西壮族自治区、海南省

华南地区各省近年发布的部分垃圾分类政策文件见表2.2。

▶ 表2.2 华南地区各省近年发布的部分垃圾分类政策文件

时间	发布单位	发布文件
2015年9月25日	广东省十二届人大常委会第20次会议	《广东省城乡生活垃圾处理条例》
2017年3月29日	广东省住房和城乡建设厅	关于印发《广东省农村生活垃圾分类处理指引》的通知
2017年8月18日	海南省法制办公室	关于公布《海南省生活垃圾分类管理条例（送审稿）》征求意见的通告
2017年11月23日	广西壮族自治区人民政府办公厅	关于转发自治区发展改革委、住房城乡建设厅《广西生活垃圾分类制度工作方案的通知》

（2）西南地区：四川省、重庆市、贵州省、云南省

西南地区各省近年发布的部分垃圾分类政策文件见表2.3。

▶ 表2.3 西南地区各省近年发布的部分垃圾分类政策文件

时间	发布单位	发布文件
2017年3月14日	云南省住房和城乡建设厅	关于转发住建部《关于推广金华市农村生活垃圾分类和资源化利用经验的通知》
2017年11月3日	重庆市人民政府办公厅	《关于印发重庆市生活垃圾分类制度实施方案的通知》
2017年11月27日	贵州省人民政府办公厅	关于转发省发改委、省住房城乡建设厅《贵州省生活垃圾分类制度实施方案的通知》
2017年11月29日	四川省机关事务管理局	《关于开展公共机构生活垃圾强制分类工作考核的通知》
2018年4月20日	成都市人民政府办公厅	《成都市生活垃圾分类实施方案（2018~2020年）》
2019年1月	贵州省	《关于全面推进生活垃圾分类工作的通知》

（3）西北地区：新疆维吾尔自治区、甘肃省、陕西省、青海省、宁夏回族自治区

西北地区各省近年发布的部分垃圾分类政策文件见表2.4。

▶ 表2.4 西北地区各省近年发布的部分垃圾分类政策文件

时间	发布单位	发布文件
2017年7月26日	宁夏回族自治区住房和城乡建设厅、发展和改革委员会、国土资源厅、环境保护厅	《关于进一步加强城市生活垃圾分类促进焚烧处理工作的实施意见》
2017年8月16日	新疆维吾尔自治区发展和改革委员会	《新疆维吾尔自治区生活垃圾分类制度实施方案》

续表

时间	发布单位	发布文件
2017年10月26日	甘肃省人民政府办公厅	关于转发《甘肃省城市生活垃圾分类制度实施方案》的通知
2017年11月6日	陕西省发展和改革委员会、陕西省住房和城乡建设厅	关于印发《陕西省生活垃圾分类制度实施方案》的通知
2018年1月13日	青海省	印发《推进党政机关等公共机构生活强制分类实施方案的通知》

（4）东北地区：辽宁省、吉林省、黑龙江省

东北地区各省近年发布的部分垃圾分类政策文件见表2.5。

▶ 表2.5 东北地区各省近年发布的部分垃圾分类政策文件

时间	发布单位	发布文件
2017年4月11日	吉林省住房和城乡建设厅	《关于上报全国农村生活垃圾分类和资源化利用示范县的通知》
2017年8月25日	辽宁省人民政府办公厅	关于印发《辽宁省城乡生活垃圾分类四年滚动计划实施方案（2017~2020年）的通知》
2017年12月25日	黑龙江省人民政府办公厅	《关于做好生活垃圾分类工作的通知》
2019年3月	吉林省长春市	《长春市生活垃圾分类管理条例》

（5）华中地区：湖南省、河南省、湖北省

华中地区各省近年发布的部分垃圾分类政策文件见表2.6。

▶ 表2.6 华中地区各省近年发布的部分垃圾分类政策文件

时间	发布单位	发布文件
2017年8月23日	湖北省发展和改革委员会办公室	关于印发《委机关贯彻落实党政机关生活垃圾分类工作实施方案》的通知
2017年9月29日	河南省机关事务管理局	《关于推进河南省党政机关等公共机构生活垃圾分类工作的通知》
2017年10月19日	湖南省机关事务管理局	《关于推进湖南省党政机关等公共机构生活垃圾分类工作的通知》
2019年2月	河南省	《18个省辖市全面启动生活垃圾分类工作》

（6）华北地区：北京市、天津市、河北省、山西省、内蒙古自治区

华北地区各省近年发布的部分垃圾分类政策文件见表2.7。

▶ 表2.7 华北地区各省近年发布的部分垃圾分类政策文件

时间	发布单位	发布文件
2015年12月31日	内蒙古自治区人民政府办公厅	《关于印发农村牧区垃圾治理实施方案的通知》
2017年3月7日	河北省委办公厅省政府办公厅	印发《关于深入推进县城建设攻坚行动实施方案》
2017年10月30日	北京市人民政府办公厅	《关于加快推进生活垃圾分类工作的意见》
2017年12月1日	河北省机关事务管理局	关于印发《河北省省直机关生活垃圾强制分类实施方案》的通知
2017年12月25日	天津市发改委、市容和园林管理委	《关于天津市生活垃圾分类管理的实施意见》
2019年4月	河北省	《关于加强城市生活垃圾分类工作的意见》
2019年5月	北京市	《推动学校、医院等公共机构以及商业办公楼宇、旅游景区、酒店等经营性场所开展垃圾强制分类》

（7）华东地区：上海市、福建省、浙江省、江苏省、山东省、安徽省、江西省

华东地区各省近年发布的部分垃圾分类政策文件见表2.8。

▶ 表2.8 华东地区各省近年发布的部分垃圾分类政策文件

时间	发布单位	发布文件
2014年4月10日	上海市人民政府令第14号	《上海市促进生活垃圾分类减量办法》
2016年12月20日	浙江省住房和城乡建设厅	关于印发《浙江省城市生活垃圾分类"十三五"规划》的通知
2017年7月12日	安徽省人民政府办公厅	《关于进一步加强生活垃圾分类工作的通知》
2017年7月20日	江西省人民政府办公厅	《关于印发江西省生活垃圾分类制度具体实施方案的通知》
2017年10月25日	江苏省人民政府办公厅	《关于转发省发展改革委省住房城乡建设厅江苏省生活垃圾分类制度实施办法的通知》
2017年12月1日	浙江省机关事务管理局	关于印发《浙江省省直机关生活垃圾分类工作实施方案》的通知
2017年12月6日	山东省机关事务管理局	关于印发《山东省省直机关生活垃圾分类工作实施方案》的通知
2017年12月16日	福建省人民政府办公厅	转发省发改委、省住建厅《关于福建省生活垃圾分类制度实施方案的通知》
2019年1月	上海市	《上海市生活垃圾管理条例》
2019年1月	安徽省合肥市	《合肥市生活垃圾管理办法》
2019年2月	浙江省宁波市	《宁波市生活垃圾分类管理条例》
2019年3月	江苏省南京市	《南京市2019年城市管理工作实施意见》

2.2 日常宣传是重要引导

2.2.1 "宣传标语"融入人民生活

（1）小区

小区是城镇居民的主要聚居地，理所应当也成为垃圾分类宣传的重要场所。通过横幅（见图2.1）、电子宣传屏、宣传单、宣传栏（见图2.2）等方式让居民知晓垃圾分类，知道垃圾分类标准以及如何进行垃圾分类，分类后的生活垃圾收运处理方式等。

▶ 图2.1　小区垃圾分类宣传横幅

▶ 图2.2　小区垃圾分类宣传公示栏

（2）学校

垃圾分类习惯的养成不是一朝一夕的事，除了需要个人持之以恒的坚持之外，社会的垃圾分类环境也很重要，更重要的是从小培养的垃圾分类习惯。这种习惯最容易在学校场合潜移默化中形成，因此在学校开展形式多样、符合场合特点的垃圾分类宣传十分必要（见图2.3）。

▶ 图 2.3　幼儿园开展垃圾分类宣传活动

（3）道路、沿街等

当我们行走在大街上，驾车行驶在道路上，散步在公园里，经常会看到公共区域建筑物张贴垃圾分类宣传单（见图 2.4），或者绿化带里插有垃圾分类提示条（见图 2.5），社会中充盈着垃圾分类的氛围。

▶ 图 2.4　公共区域建筑物张贴垃圾分类宣传单　　▶ 图 2.5　绿化带里插有垃圾分类提示条

2.2.2　垃圾分类志愿者宣传

（1）入户宣传

除了在小区宣传栏、建筑物外表面等处粘贴宣传标语，电子显示屏流动播放垃圾分类提示信息等，街道和社区志愿者的入户宣传也是垃圾分类宣传的重要组成部分（见图2.6）。这种方式一方面填补了上班族错过小区定点宣传的方式，另一方面也可以近距离听取居民对垃圾分类的疑问，更方便答疑解惑。

▶ 图2.6　志愿者入户宣传的宣传单

（2）分类指导员

虽然小区、公共场所均贴有垃圾分类的宣传标语，每家每户也有垃圾分类指导手册，但是落实到个人进行垃圾分类的时候可能还是会出现分类错误的情况，因此在投放垃圾时，分类指导员的角色变得很重要（见图2.7）。他们不仅可以指导居民进行垃圾投放，还可以对居民垃圾袋里已分类的生活垃圾进行指导，并进行二次分类。对于已投放进入垃圾桶，但是投放错误的情况也可以进行及时纠正，保证后端垃圾的顺利收运。

▶ 图2.7　垃圾分类指导员

2.2.3 人人参与垃圾分类互动活动

2.2.3.1 "黑科技"助力解决垃圾分类难题

浙江省在 2019 年 8 月发布了全国第一部城镇生活垃圾分类省级标准《浙江省城镇生活垃圾分类标准》,并于 2019 年 11 月 1 日正式施行。

如何答好这道生活中的"必答题"?浙江省用上了 5G、AI、大数据、物联网等新兴"黑科技"。

在杭州下城区武林街道的垃圾分类宣传教育基地,用上了 5G+VR 技术——体验者进入 5G+VR 游戏后,可看到游戏界面中在都市背景中放置了四个垃圾桶,以及众多的待分类垃圾(见图 2.8)。依托于 5G 网络低时延的特性,VR 一体机的手势识别器会快速识别体验者发出的指令,握拳即拿起垃圾,拿起垃圾会有发光提醒;体验者通过转动脖子来确认将垃圾扔到哪个垃圾桶,选定垃圾桶时,垃圾桶也会发光提醒,此时将五指打开即可将垃圾扔入桶内,垃圾桶会同步判定分类的正确与否。

▶ 图 2.8　5G+VR 垃圾分类趣味游戏界面图

此外,在杭州和西安等地的垃圾投放点还上线了 AI 智能识别系统,利用 AI、图像分析等技术,实现对垃圾分类的指导和监督(见图 2.9)。当居民无法确定手上的垃圾该扔向哪个垃圾桶时,安装的摄像头会帮忙"识物"——如将矿泉水瓶在摄像头下扫描几秒后,屏幕上会跳出"矿泉水瓶属于可回收物"的判断,并且提醒居民"按材质打包,投入可回收物桶,食品饮料包装清洗沥干，并压扁"。当居民把垃圾丢错垃圾桶或者将垃圾丢在垃圾桶外时，AI 智能则会发出"分类不合规，宝宝不开心"的提醒。

▶ 图 2.9　人机互动 AI 智能识别系统

2.2.3.2 党员带头参与垃圾分类

（1）北京

北京市东城区通过组建区、街两级垃圾分类工作领导小组，党政一把手任组长，各部门、单位及社区为成员，统筹开展垃圾分类工作，积极争创垃圾分类示范片区。在垃圾分类工作宣传过程中，东城区正在积极推动"党建 + 垃圾分类"，借助党员"双报到"活动，调动区域内机关、企事业单位、各类组织的积极性，共同参与垃圾分类工作。充分发动街巷长、小巷管家、楼门长、志愿者等参与垃圾分类入户宣传。健全垃圾分类志愿者队伍，居委会、物业公司动员居民践行文明公约，让居民自治在垃圾分类工作中不断发挥积极作用。

北京市西城区的垃圾分类工作也一直走在各区前列，例如大乘巷教室宿舍院，1996 年，大乘巷教师宿舍院成为北京第一个试点垃圾分类的小区，此后多年，小区居民一直没有间断"垃圾分类"（见图 2.10）。

▶ 图2.10 大乘巷宿舍现有分类垃圾桶

垃圾分类，最重要的就是居民的参与和配合，为此大乘巷教师宿舍院家委会没少努力，除了向居民免费发放厨余垃圾袋，还聘请40多名热心垃圾分类的居民作为垃圾分类劝导员。小区居民均为教师及其家人，多数为老党员，提到垃圾分类这些老党员都十分支持，"我们都是老党员，只要垃圾分类经过我们的手不出差错，吃苦受累也没什么。"赵伯伯微笑着说。虽然分类垃圾桶每天都被擦拭得很干净，但对着垃圾桶近距离工作还是会有异味。经过23年的垃圾分类，居民做的已经很好，但还是难免出现分类不细致的情况，这就需要老党员们的"火眼金睛"。由于上级领导经常视察大乘巷的垃圾分类情况，所以更加激励当地居民用心地做好垃圾分类（见图2.11）。

▶ 图2.11 西城区党员领导视察大乘巷垃圾分类

（2）南京

南京市鼓楼区在开展城区生活垃圾分类工作的全民参与"绿色革命"中，也通过党建引领，发挥党员、基层党组织和驻区单位作用，凝聚红色力量，倡导生活新风。

鼓楼区组织56名街镇分管领导及社区主干赴其他城市"取经"，学习党建引领垃圾分类、社会治理的经验做法，进一步提升街镇社区开展垃圾分类工作的能力。各街镇、社区运用"一线工作法"，定好路线图、责任田，建立生活垃圾分类基础台账，完整记录各类垃圾产生量，分类投放正确率，分类收集、运输和处置各环节的责任主体，作业形式等信息。

结合"街巷长""幸福码"制度发挥党员先锋模范作用，确保责任落实。各街道通过成立一支专业督导、宣传的党员队伍，各社区、物业小区每300户配1名督导员，每名小区党员负责小区部分无党员家庭，开展宣传和劝导活动。党员队伍走街串巷、进家入户，及时发现、研究、解决工作出现的难题，并将垃圾桶损坏等问题上传汇总至"鼓楼智脑"平台进行责任分配，形成"街巷长包总—督导员包片—党员包户"的管理模式。并有党员同志对小区定期开展垃圾分类培训交流工作（见图2.12）。

▶ 图2.12 南京某小区定期对幼儿和中老年进行垃圾分类培训

2.2.3.3 科技节助力居民参与垃圾分类

2019年7月，由上海科技节组委会办公室指导，上海中心大厦商务运营有限公司和上海科技会展有限公司联合主办的科学之夜专题活动上海中心专场,首次新增"一馆一品"版块,现场一件件馆藏展品,与上海市专题性及综合性科普场馆地图、往届科学之夜精彩照片回顾等,将上海中心 B2 艺术气息浓烈的地下空间长廊,装点成展示沪上优秀科普资源的"科普走廊"。

其中"科学之夜"的重头戏——科学互动展项"科学社区"分成音乐星球、动手工坊、纺织实验室、机器人之家、虚拟现实、航宇天地、垃圾分类进行时 7 个展区。在"垃圾分类"成为上海"全城热词"之时,垃圾分类活动得到大家的积极参与。现场不仅有垃圾分类科普短片、垃圾分类投篮游戏(见图 2.13),还有新科技助推垃圾分类内容宣讲等。

▶ 图 2.13 垃圾分类"科学之夜"在"上海之巅"酷炫开启

2.3 专心做好一个专业的"裁判员"

在 46 个垃圾分类重点城市中,有 25 个城市明确了对个人和单位违规投放生活垃圾的处罚,针对个人违规投放,多数城市最高罚款 200 元;单位违规投放或随意倾倒堆放生活垃圾的,最高罚款 5 万元。并且,相关部门已做好动员工作（见图2.14），认真对待垃圾分类。

▶ 图 2.14 政府部门垃圾分类动员会

2.3.1 北京：垃圾分类全程监督

北京市东城全区在2019年年底实现垃圾分类全区域、全流程实时监管。东城区2019年已在全市率先实现垃圾分类示范片区创建全覆盖，787家党政机关、2737家餐饮企业纳入餐厨垃圾规范管理。2019年上半年，全区生活垃圾总量同比减量2万吨。目前崇外、建国门和龙潭3个街道建成垃圾分类排放登记系统。该系统已覆盖全区17个街道。

除了垃圾分类排放登记系统，东城区还建立了完善的垃圾分类投放、收集和运输体系，通过在垃圾收集容器上加装身份标识、在密闭式清洁站及运输车辆加装称重计量设备，构建"互联网+垃圾分类"模式，实现对各类垃圾的投放、收集和运输的全流程实时监管，为垃圾分类提供技术支撑、数据支撑和管理支撑。小区放置定点机械或者智能分类设备（见图2.15），同时建立区级平台，实现区、街、社区数据互联互通，对参与率、分出率做出科学准确的评价，进一步提高垃圾分类精细化、信息化管理水平。

▶ 图 2.15　北京某小区垃圾分类垃圾桶

2019年东城区已完成9大类111项6893个责任主体基础信息普查，绘制分类设施点位图、车辆收运路线图。95辆前端分类电动收运车在片区内循环收运，每个街道设立1~2个厨余（餐厨）垃圾收集转运点，与市环卫集团39辆纯电动厨余（餐厨）垃圾运输车辆对接，实现全流程闭环运输处理，生活垃圾无害化处理率保持在100%。

2.3.2 上海：强化、细化监督及执法

（1）虹口区

虹口区从社会和行业两个方面加强垃圾分类监督。

一是鼓励社会监督。充分发挥社会监督的作用，组织社区居民、新闻媒体对物业开展检查。公示混装混运的监督电话，开通举报渠道。

二是严格行业监督。规范收集运输行为，杜绝混装混运现象；落实物业企业的分类驳运及环卫作业分类收运的管理责任，加强对中转环节的湿垃圾品质、运输环节混装监管，落实"不分类、不收运"制度；逐步落实收集、运输单位对居住区交付生活垃圾品质管理责任，从分类湿垃圾品质管理机制

逐步延伸到其他分类垃圾品种，引导居住区做好源头回收服务点分类管理工作（见图2.16）。

▶ 图2.16 垃圾分类投放点

此外，虹口区还组织了专业力量开展系列执法行动（见图2.17），确保垃圾分类工作做实、做细。相关部门统筹部署垃圾分类、餐厨垃圾等专项执法行动，严格落实执法责任，重点针对收集容器配置、单位生活垃圾分类、垃圾分类收运管理规定的执行情况进行执法检查，建立每月台账制度，提高监管执法实效。

▶ 图2.17 城管线下监管

虹口区要求各街道要建立健全"街、居"生活垃圾分类联席会议制度，建立街道及居委的垃圾分类工作分析评价制度。同时发挥基层党组织核心作用，形成社区党组织、居委、物业、业委的"四位一体"合力抓实分级垃圾分类联席会议制度；发挥城管社区工作室的作用，主动牵头基层党组织、居委会、业委会、物业、志愿者，形成"五位一体"联动机制，积极落实辖区内社区、企事业单位的分类投放管理责任人职责，督促物业落实垃圾分类管理责任人义务。

（2）浦东新区

浦东新区通过建立目标责任制度，对相关委办局、街镇考核，街镇对相关基层单位、居（村）委考核，居（村）委对物业、居（村）民考核的分级考核。同时，还建立了督查约谈机制和通报机制，发挥党组织作用并加强组织协调，将垃圾分类工作纳入生态文明专项督查和绩效评价指标体系。

1）强化考核监管

① 浦东新区运用区镇两级城运中心，由区主管部门或街镇落实对收运作业企业的日常监管。

② 将各类生活垃圾分类驳运、收运规范执行情况纳入相关企业的考核及评议制度。

③ 对发生混装混运的环卫收运企业予以严肃查处。

④ 落实末端设施严格监管。

⑤ 组织培训和现场教学。

⑥ 发挥第三方专业监管平台和专业监测机构的监管作用（见图 2.18）。

⑦ 严格处理运营中的不规范行为。

⑧ 细化违法行为处罚程序，统一处罚裁量基准。

⑨ 加强执法人员培训和队伍建设，建立日常执法检查机制，定期开展联合执法行动。

⑩ 统筹部署垃圾分类、餐厨垃圾等专项执法行动。

⑪ 重点针对收集容器配置、单位生活垃圾分类、垃圾分类收运管理规定的执行情况进行执法检查。

▶ 图2.18　第三方智慧平台线上监管

2）发挥党组织作用

① 发挥基层党组织作用，充分调动基层党组织、居委、业主、物业等各方面积极性，落实各方责任。

② 发挥在职和退休党员模范的带头引领作用。

③ 发挥居委会对志愿者、分拣员、督导员三支社区队伍的管理。

④ 依靠"家门口"服务站等载体，将垃圾分类主题活动引入社区，鼓励垃圾分类居民自治。

⑤ 鼓励街道（镇）委托社会第三方专业力量参与垃圾分类。

3）加强组织协调

① 在区层面，进一步健全区分类联席会议制度，根据《条例》调整成员名单及职责，定期召开例会，分析瓶颈问题并提出解决对策，加大日常综合协调和监督指导力度。

② 在街镇层面，建立以党政负责人牵头的街镇垃圾分类联席会议，落实办公室及居（村）委每 1 ~ 2 周的垃圾分类工作分析评价制度，发挥居民自治功能，充分调动居民的积极性和主动性，并让大家认识到垃圾分类是一件利人利己的事。

2.3.3 广州：大众监督常态化

广州市政府将生活垃圾分类作为重要工作之一，在不同时期，垃圾分类进程与施行情况也对应不同的考核指标。

（1）聘请社会监督员

社会监督员由区城市管理行政主管部门向社会公开选聘，对垃圾分类情况进行监督指导（见图 2.19）。社会监督员来自社会大众，其人员构成主要有村民代表、居民代表、人大代表、政协委员和第三方机构代表等。社会监督员有权进入生活垃圾收集点、转运站以及终端处理设施等场所，了解具体生活垃圾分类处理情况以及集中转运设施、终端处理设施运行等情况。一旦发现问题，就可向城市管理行政主管部门报告，而城市管理行政主管部门用书面方式向社会监督员反馈处理情况。

▶ 图 2.19　监督员指导居民投放生活垃圾

（2）管理绩效考核

当前广州市人民政府给相应行政管理部门设置了相应管理绩效考评指标，其内容包括各行政管理部门履行生活垃圾源头减量和分类管理职责的情况，通过严格的绩效考核来逐步推进广州市垃圾分类的施行。

具体来说，广州市城市管理行政主管部门需定期对广州市生活垃圾的组成、性质、产量等进行常规性调查，特别对生活垃圾分类情况进行定期评估，及时监测广州市垃圾分类的总体情况，并关注各个细节，包括每日生活垃圾投放人数、是否投递正确等。

另外，垃圾分类的监管还渗透入社区，各单位、社区、街道等机构的生活垃圾源头减量和分类情况将成为有关行政管理部门在文明单位、文明社区等精神文明创建活动，以及卫生单位、卫生社区（村）等卫生创建活动中的评选标准。在一定程度上，通过精神文明评选活动调动大众进行垃圾分类的积极性。

（3）监管体系建设

垃圾分类监管工作不光从垃圾生产的源头——分类与投放做起，对其后续环节——垃圾分类运输及处理的监管也必不可少。当前城市管理行政主管部门对生活垃圾分类收集、运输和处置服务单位设置了相应的监管体系，即信用档案体系。

该体系包括信用档案和环境卫生服务单位信用评价体系，能够记录垃圾分类运收和处理服务单位的违规行为和处理结果等信息，对服务单位的服务质量和信用等级进行年度评价，并公布评价结果。通过这种体系化监管、结果公示的管理制度，在一定程度上可保障垃圾分类回收处理的效率。

2.3.4 西安：拒不分类将遭受顶格处罚

西安市于2019年9月1日正式施行《西安市生活垃圾分类管理办法》（见图2.20）。市级城管执法部门、区级城管执法部门以及街道乡镇城管执法中队在垃圾分类工作中的职责分工明确，从严治理。

▶ 图 2.20　西安开展垃圾分类工作

（1）市级城管执法部门职责

重点检查辖区各单位生活垃圾分类情况、辖区市民对生活垃圾分类知识知晓率、区和街办乡镇执法部门执法情况，及全市范围内的生活垃圾集中点。生活垃圾压缩站、转运站、清运单位和设备、处置末端等重点区域及环节执行行业规范和操作规程情况（见图 2.21）。及时指出发现的问题，并提出合理指导意见，对问题严重的管理人进行行政处罚，对不履行或者不正确履行生活垃圾分类执法职责的城管执法部门进行责任追究。

▶ 图 2.21　西安垃圾分类试点区域垃圾分类设备

（2）区级城管执法部门职责

成立专门负责生活垃圾分类执法工作的领导小组（见图2.22），制定本区域的垃圾分类执法工作规范和实施细则，指导街道乡镇中队进行垃圾分类执法工作、培训执法人员，并监督检查各中队执法工作情况。

▶ 图2.22 执法领导小组对垃圾集中点进行检查

（3）各城管执法中队职责

根据生活垃圾分类工作要求，加强对辖区内生活垃圾分类工作的检查，对小区、社区、党政机关、学校商场等一般区域每日检查监督不得少于1次；对垃圾压缩站、转运点、清运单位等重点区域每日检查监督不得少于2次（见图2.23）。

全市各级城管执法队伍要采取定期、不定期、随机巡查等方法手段，加大对各类生活垃圾管理人的检查力度，对发现的违反规定的行为或接到相关管理部门的投诉报案，务必立即启动执法程序，在调查核实、证据确凿、事实清楚的前提下，依据规定的相关条款顶格处罚。并协调相关部门将其不良行为信息纳入个人征信系统，用严格的执法促使人们养成新生活习惯。

▶ 图 2.23　执法部门对单位垃圾分类进行检查

第 3 章

企业如何运营垃圾分类

3.1 企业的角色

3.1.1 国内企业

自 2019 年上半年上海市颁布实施新的垃圾管理条例，7 月 1 日实施强制分类以来，垃圾分类迅速热了起来。

据有关机构调查发现，与垃圾分类相关的注册公司数量在激增，而相关小程序、公众号亦涌现。据天眼查数据显示，2019 年 6～7 月，全国就新成立了 8346 家经营范围包含"垃圾、垃圾分类、垃圾回收、垃圾处理"的企业，据企查查数据显示，除了一些知名的成立较早的从事垃圾分类业务的公司之外（见图 3.1），截至 2019 年 9 月，共有 6948 家当年新成立的垃圾分类相关企业登记注册。

▶ 图 3.1　部分知名垃圾分类企业

相较于传统的垃圾分类企业，新型垃圾分类企业如雨后春笋般出现，并越来越多体现出互联网思维。虽然垃圾分类相关企业数量激增，但是其在垃圾分类中的角色依然体现在以下几个方面：

① 所运营项目的设备供应，包括符合相应场所特色或者特殊要求的室内、室外垃圾桶，垃圾车，垃圾处理设施。

② 垃圾分类宣传活动，联合街道社区志愿者、公益组织团体、学校志愿者等开展形式多样的活动，使人们知晓垃圾分类方法并纠正错误投放，动员人们参与垃圾分类，潜移默化中养成垃圾分类习惯。

③ 针对人们投放的部分高价值可回收物相应给予奖励措施或者建立回馈机制。

④ 特定时间不同种类垃圾的分类收运作业。

⑤ 不同种类垃圾的处理处置工作。

3.1.2 国外企业

不同于国内垃圾分类部分企业单独运营，国外由于开展垃圾分类较早，已经形成了成熟的体系，因此垃圾分类业务已融入道路环境综合服务体系之中。垃圾分类和生活垃圾收运、道路清扫保洁、园林绿化养护、河流保洁、公共厕所运营维护等业务一起由某一个公司运营（见图 3.2）。例如西班牙最大的固废处理公司 Urbaser，深耕固废处理领域数十年，有着丰富的垃圾收运处理经验。在 2018 年被中国天楹股份有限公司收购后，一跃成为世界第四大固废处理公司，目前中国天楹在 21 个国家，运营 400 多个垃圾收运和城市环卫项目，在 11 个国家有 140 多个综合处理厂，包括垃圾焚烧发电、厌氧发酵、堆肥、综合再利用等。当然，中国天楹也在国内服务多个城市，目前其在国内运营 120 多个垃圾分类项目，服务人口超过 100 万人。

▶ 图 3.2 中国天楹国外项目工作人员进行生活垃圾收运

根据国外的发展经验，这种将生活垃圾分类纳入城市环境综合服务体系中将是未来的发展趋势。

3.2 垃圾桶也有超能力

3.2.1 室内超级垃圾桶

3.2.1.1 普通简约型

我们常见的适用于室内的普通简约型垃圾桶主要有普通小型垃圾桶、脚踏垃圾桶和多层垃圾桶，图 3.3 列举了几款产品，大家可以简单了解下。其中以普通小型垃圾桶最为常见，其多为 10L 大小，适于放置在卫生间、阳台等面积较小场所；脚踏垃圾桶由于其具有全封闭性，可以避免异味的散布，越来越多地被用于卫生间、客厅、厨房等区域；同时随着垃圾分类的推进，多层垃圾桶由于其占地面积小，可适用多种垃圾的分类投放，这款新型的产品逐渐被大家认识。

（a）普通小型垃圾桶　　　（b）脚踏垃圾桶　　　（c）多层垃圾桶

▶ 图3.3　几种室内普通简约型垃圾桶

3.2.1.2 智能型

随着科技的不断发展，智能型垃圾桶也不断出现在我们身边，下面主要介绍感应垃圾桶、瓶罐智能回收桶、自动打包换袋垃圾桶三种智能垃圾桶，见图3.4的几种产品。

（a）感应垃圾桶　　　（b）瓶罐智能回收桶　　　（c）自动打包换袋垃圾桶

▶ 图3.4　几种室内智能型垃圾桶

感应垃圾桶一般通过电池供电，具有全自动感应开启功能，当你想投放垃圾时，将手放在感应孔上方，桶盖就会开启，投放完毕后桶盖又会自动关闭，可放置在家庭室内、办公场所、家居会所等处。

瓶罐智能回收桶可识别各类饮料瓶罐，并配置有可触摸的大屏幕，实时宣传垃圾分类，在回收过程中通过微信钱包、手机余额或公益捐款等渠道返还收益，激励民众进行瓶罐回收投递，适合放置在商场大厅、超市等场景，也可放置在室外街道、广场等处。

自动打包换袋垃圾桶具有感应开合、一键常开、自动封口打包、换袋等功能，可以免去人为开盖、换袋，可以极大改善人们的清洁卫生。

3.2.1.3 创意设计型

除了上面介绍的几款室内垃圾桶，我们在网上还会看到各种各样的创意设计型垃圾桶，图3.5介绍了几款，让我们来认识一下吧。

（a）可乐罐感应垃圾桶

（b）工业复古垃圾桶

（c）机器人垃圾桶

（d）90度墙角垃圾桶

（e）保温垃圾桶

（f）蛋形垃圾桶

▶ 图3.5　几种室内创意设计型垃圾桶

3.2.2 室外垃圾桶

3.2.2.1 普通简约型

我们常见的适用于室外的普通简约型垃圾桶主要有普通垃圾桶、脚踏垃圾桶和机械垃圾桶，图3.6列举了几款产品，大家认识吗？

(a)普通垃圾桶

(b)脚踏垃圾桶

(c)机械垃圾桶

(d)废旧织物回收箱

▶ 图3.6 几种室外普通简约型垃圾桶

3.2.2.2 智能型

相比于室内智能型垃圾桶,室外智能型垃圾箱体积一般都比较大,有的搭配的功能更加丰富。下面主要介绍智能开启垃圾箱、太阳能垃圾箱、人脸识别垃圾箱和多功能垃圾箱四款室外智能垃圾箱,见图3.7。

（a）智能开启垃圾箱

（b）太阳能垃圾箱

（c）人脸识别垃圾箱

（d）多功能垃圾箱

▶ 图3.7 几种室外智能型垃圾箱

智能开启垃圾箱可通过刷卡或者二维码开启投递口，方便居民无触碰箱体进行生活垃圾分类投放，该智能垃圾箱可配置自动称重、满意报警、GPS定位等功能，实现正确垃圾分类积分奖励，及时下达垃圾桶清空作业任务，实现桶内垃圾不满溢、垃圾及时清运不落地。

太阳能垃圾箱是一款将太阳能转化成电能，再将部分电能转化成机械能的新型智能垃圾箱，可搭配感应开启、自动压缩等功能。这种智能垃圾箱无需外部供电，一定程度上降低了碳排放量。

人脸识别垃圾箱是通过人脸识别系统，开启垃圾箱分类投放口。这种智能垃圾箱内置称重系统、满溢报警、刷卡和刷二维码开箱的功能，可追溯用户的投放数据，方便数据分析，同时达箱内垃圾达到设定的满溢报警值时及时通知环卫作业人员实施清运，更换内置的垃圾桶。

多功能垃圾箱一般是集感应开启、卫星定位、太阳能发电、满溢报警、压缩、除臭灭菌、自动灭火等多种功能中的几种功能为一体的智能垃圾箱，同时将信息发布和广告宣传等进行资源整合，一般放置在室外街道、广场等场景。

3.2.2.3 创意设计性

除了上面介绍的几款室外垃圾桶，我们在网上还会看到各种各样的创意设计型垃圾桶，图 3.8 介绍了几款，让我们来认识一下吧。

（a）俄罗斯方块垃圾桶

（b）路障垃圾桶

图 3.8

（c）景观特色垃圾桶

（d）创意堆肥垃圾桶

▶ 图3.8 几种室外创意型垃圾桶

3.2.3 其他辅助设备

（1）积分兑换机

积分兑换机主要用于在垃圾分类的场所方便居民进行积分兑换，居民正确投放垃圾后获取积分奖励，所得积分可以通过此款设备进行兑换生活用品（见图 3.9）。

（2）垃圾袋发放机

参与生活垃圾分类的人投放垃圾后获得积分，通过此款设备可以兑换垃圾袋或者其他物品（见图 3.10）。

▶ 图 3.9　积分兑换机

▶ 图 3.10　垃圾袋发放机

（3）智能机器人

智能机器人具有人脸识别、二维码和 IC 卡扫描开启、寻路监控及拍照取证、语音识别、高清触摸显示和夜晚辅助照明等功能，可进行垃圾分类相关知识宣传、指导市民正确投放垃圾工作（见图 3.11）。

▶ 图 3.11　垃圾分类宣传机器人

3.3 分类宣传在行动

垃圾分类宣传是助力居民做好垃圾分类，普及生活垃圾分类及资源化利用，改变群众生活习惯的重要组成部分（见图 3.12）。全国各地如火如荼地开展垃圾分类工作，各类垃圾分类企业联合社区街道、公益组织团体以及志愿者在社区、学校、机关单位、企事业单位、公园广场等地开展了形式多样的热心宣传活动。

▶ 图 3.12　南京某项目垃圾分类宣传活动

3.3.1 北京

北京自开展垃圾分类以来，各类企业运营垃圾分类工作时通过各类方式方法进行垃圾分类宣传，通过和政府合作做好当地的垃圾分类工作。

（1）党建引领，专家基层指导

社区专门成立了由党支部和家委会成员组成的垃圾分类领导小组，全面负责小区垃圾分类工作。开始与北京市地球村环境教育中心合作，地球村环保专家到小区指导。2011年大乘巷教师楼作为新街口的第一批垃圾分类的示范小区之一。

（2）科学组织，普及分类知识

区管委统一培训专职垃圾分类志愿者，并参加市里举办的垃圾分类演讲比赛。聘请获奖志愿者讲解垃圾分类具体作法；到小区现场教指导员如何分类。街道组织居民、学生参观处理厂，直接了解垃圾处理的方法和过程。为居民发放小垃圾桶、垃圾袋，引导居民坚持垃圾分类。

（3）多措并举，强化宣传引导

街道办事处、社区协助管理部门，充分利用橱窗、展板和LED显示屏进行宣传，垃圾智慧分类宣传展示小屋见图3.13。定期邀请环保志愿者进行环保知识、垃圾分类、垃圾减量的知识培训。多年来坚持入户发宣传材料，签署垃圾分类承诺书。针对本小区新来的住户，各位楼门长会及时上报家委会重点宣传，督促新入住的居民养成垃圾分类习惯。截至2019年居民垃圾分类知晓率100%，参与率已超过97.76%。

（4）规范服务，促进习惯养成

垃圾分类与资源再生"两网融合"，开展"零废弃"会员卡活动。定期上门回收低价值垃圾资源，居民收集的物品可在"零废弃"会员卡上积分并兑换奖品。街道在大乘巷垃圾分类基础上进行提升，更新分类垃圾桶并定期为居民发专用二维码分类垃圾袋（见图3.14）。邀请垃圾分类老师为居民进行垃圾分类讲座，组织居民参加垃圾分类知识问答。开展"文明十二分活动"，厨余垃圾袋按季度发放，如居民一个季度内，绑定的厨余垃圾袋投放分类不规范或未按活动要求投放，志愿者配合街道第三方会上门对居民进行入户宣传。在季度末，如居民12分未扣光，即可领取下一季度垃圾袋。

▶ 图 3.13　北京某项目垃圾智慧分类宣传展示小屋

▶ 图 3.14　二维码分类垃圾袋

3.3.2 南京

南京近两年垃圾分类的活动如火如荼地开展着。应该说，南京最先感受垃圾分类的变化是在一些示范道路上出现智能设备开始的。例如2017年8月，南京首条垃圾分类示范道路正式亮相（见图3.15）。

▶ 图3.15 南京首条垃圾分类示范道路智能垃圾桶

随后2017年10月19日,南京鼓楼区广州路、华侨路街头第一批光伏智能垃圾箱投入使用。这是中国天楹继长江路示范路之后打造的南京第二条垃圾分类示范路(见图3.16)。

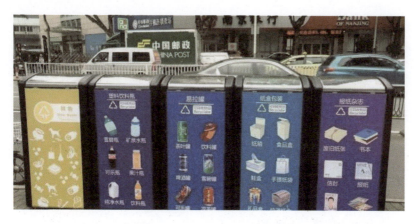

▶ 图3.16 南京第二条垃圾分类示范路光伏智能垃圾桶

当然,除了布设智能垃圾桶之外,企业在南京运营垃圾分类项目的同时也开展了各式各样的宣传活动(见图3.17)。例如,在智能垃圾桶投入使用后,每周都会有专职人员在示范路进行垃圾分类宣传活动,引导居民正确合理使用智能垃圾桶进行分类,并为居民分发垃圾分类操作指南,鼓励居民从家庭开始做好垃圾分类，从源头上维护城市环境。

▶ 图3.17 工作人员向路人介绍光伏智能垃圾桶

南京各垃圾分类示范小区会定期举办宣传活动，例如为了方便居民在活动后继续学习垃圾分类有关知识，中国天楹的垃圾分类指导员还给居民们发放了宣传手册，并引导居民开通垃圾分类绿色账户。为了加大宣传力度，中国天楹每个月不仅举办主题月活动，还举办了一系列的以垃圾分类为主题的阅读宣传活动（见图3.18）。

▶ 图3.18 垃圾分类阅读宣传活动

3.3.3 上海

2018年，虹口区为迎接进博会（中国国际进口博览会），以"展海派风采、扬城市精神"为主题，开展系列主题活动，其中"让垃圾回'家'树文明风尚——2018虹口区迎进博Plogging"主题活动得到了社会大众的广泛关注。

活动以鲁迅公园为主会场，12支跑团将分为4组，分别通过凉城公园、曲阳公园、和平公园、四川北路公园四个分会场。跑步路线呈四叶草形状，契合进博会国家会展中心"四叶草"的造型。

活动过程中各位跑者以时下最流行的plogging方式（跑步+捡垃圾），用实际行动倡导垃圾分类、低碳环保的生活方式，营造整洁有序的城区环境（见图3.19）。

▶ 图3.19 跑步捡垃圾活动现场图

活动现场还设置了垃圾分类环节，各个会场都会设立垃圾分类对应的垃圾桶，现场上海天楹的工作人员以"更整洁、更有序、更美观"为主题，开展垃圾分类宣传活动，为跑者和市民提供环保宣传册（见图3.20），播放垃圾分类减量宣传片，现场讲解垃圾分类知识，开展丰富多彩的游戏活动，现场气氛热烈。

▶ 图 3.20　现场垃圾分类宣传活动

活动结束后，每位参加活动的人都将获得定制的绿植，活动提醒大家绿色生活环保每一天，活动取得圆满成功。除此之外每位参与者都可以获得荣誉勋章、荣誉证书，可谓满载而归。

3.3.4 广州

提到"小蛮腰"，大家肯定会想到它是广州最新的标志性建筑，当然它的学名应该是广州塔。2019年9月4日，关注垃圾分类的人们会发现朋友圈充满了大家对垃圾分类的关注——广州塔为垃圾分类亮灯（见图3.21）。这种垃圾分类宣传口号的出现让大家很意外，也纷纷举起手机拍照和发朋友圈。不少人表示宣传语句虽然只有简单两句，但却很实用，垃圾分类已经成为广州市民的共识，大家都在努力在做，希望能够实现美丽城市和环境保护。

▶ 图 3.21　广州塔为垃圾分类亮灯

3.3.5　其他城市

（1）西安——成立青年志愿者服务队

为全面落实《西安市生活垃圾分类管理办法》，发动更深更广层面的社会力量参与垃圾分类工作，在中国共青团西安市委员会（以下简称"团市委"）大力支持下，2019 年 7 月 16 日，未央区成立了全市首支垃圾分类青年志愿者服务队（见图 3.22）。

▶ 图 3.22　西安垃圾分类青年志愿者服务队

青年志愿者服务队成立仪式上,市团委有关负责人为青年志愿者服务队代表授旗;青年志愿者代表宣读了在广大青年朋友中积极开展垃圾分类的倡议书。随后,未央区辖区的高校大学生、驻地企业和区机关的青年志愿者120余人走上街头,向过往群众发放垃圾分类宣传资料、讲解垃圾分类的意义,增强了市民对垃圾分类的认识。

(2)淮安泗阳——垃圾分类骑行活动

"今天起床第一句,垃圾分类我参与,三分类法要牢记,其他有害可回收……","垃圾分类一头牵着民生,一头连着文明……",伴随着轻快的音乐及宣传语,泗阳天楹分类人员组成的绿色骑行志愿者团队,扬起小旗,发动车子,开始了"浩浩荡荡"的垃圾分类骑行宣传活动(见图3.23)。

▶ 图3.23 垃圾分类骑行宣传活动

"宣传垃圾分类是我们一直坚持的活动,想要更好地保护环境,就得从垃圾分类开始。希望通过此次宣传活动,让更多的人能够参与垃圾分类,让城市变得更美。"工作人员说。

通过骑行这一形式(见图3.24),将垃圾分类理念带到更多人的身边,唤起居民参与垃圾分类的热情,感染骑行路上看到宣传的市民,让更多的人投入垃圾分类当中,也为日后的分类宣传工作打下良好的基础,大家一起参与垃圾分类,共同建设生态家园!

▶ 图 3.24　垃圾分类骑行宣传形式

（3）泰州——开学第一课

2019 年 8 月 31 日～9 月 2 日，江苏泰州市高港区委宣传部、区城管局、区教育局联合泰州天楹一同开展了"开学第一课，从垃圾分类开讲"系列活动。

8 月 31 日高港实验小学学生来到观五垃圾中转站参观学习。工作人员组织学生们首先来到了宣教中心，观看了垃圾分类宣传视频，并给学生们详细讲解了垃圾分类知识。为了巩固刚刚学到的分类知识，让学生亲身体验如何正确的分类垃圾，工作人员组织学生们开展了多种垃圾分类小游戏，包括猜猜我是什么垃圾、垃圾分类大作战、垃圾分类飞行棋（见图 3.25）。游戏结束后，工作人员提问了多个关于垃圾分类的问题，学生们纷纷举手，积极参与，踊跃发言，现场气氛十分活跃。

▶ 图 3.25　学生通过不同方式学习垃圾分类知识

随后，学生们在工作人员的带领下，参观了易腐垃圾处理设备、其他垃圾处理设备以及可回收物分拣中心（见图3.26）。

▶ 图3.26 学生参观可回收物分拣中心

9月1日，工作人员来到高港实验小学，进行了垃圾分类宣传活动。工作人员给学生们讲解垃圾分类知识，发放宣传资料，并进行了垃圾分类互动游戏，教会学生如何区分垃圾类别并投入到正确的垃圾桶中。游戏结束后，工作人员组织学生们进行了垃圾分类小测试，巩固学生们刚刚学到的分类知识（见图3.27）。

▶ 图3.27 学生参与垃圾分类宣讲会并参与其中

在学校开学典礼上,工作人员宣读垃圾分类倡议书,讲解了垃圾给我们环境和生活带来的危害和垃圾分类的好处,倡议同学们参与垃圾分类,从现在做起(见图 3.28)。

针对青少年垃圾分类宣传,是推动社会参与垃圾分类的重要方式,以小手拉大手的形式把垃圾分类带进千家万户,通过教育一个孩子、带动一个家庭、影响一片群众的理念,不断提高垃圾分类参与率和正确率,让孩子们都成为垃圾分类的倡导者、实践者和监督者。

▶ 图 3.28 学生积极参与垃圾分类活动

3.4 垃圾分类还有奖励?

3.4.1 投放设备现金返现

通过投放智能垃圾分类设备,让居民正确投放垃圾,经设备称重后进行现金返还。一般智能设备均可回收金属、塑料、纺织物、纸类、玻璃及有害垃圾。回收价格根据市场价格有所波动,例如金属 0.6 元 /kg、塑料 0.7 元 /kg、饮料瓶 0.04 元 / 个……设备的电子屏幕显示着每种回收物的价格,大部分智能设备将玻璃和有害垃圾作为公益回收品类,无偿回收。只要会使用手机就可以，操作很简单。只需扫码进入微信小程序绑定手机号完成注册，即可往箱子里分类"存进"垃圾，系统会根据回收品的性质计算金额，提现金额最少为1元（见图3.29）。

▶ 图3.29　居民在操作垃圾分类智能设备

在投放容量方面，一台回收柜大约可容纳纸类20kg、纺织物25kg、塑料15kg、金属50kg。每台设备都设有感应线，废品满箱后会通过短信、微信、App等方式通知工作人员，随后就会有人过来清运，将垃圾送至分拣机构或者利用中心。

智能垃圾分类回收箱通过大数据、人工智能和物联网等先进科技，实现对生活垃圾前端分类、中端运输、后端分拣再利用生态产业链条的有机整合。

你一定会疑惑，万一有人把玻璃制品投到了纸类回收箱去怎么办？或者万一有人投别的东西进去套取现金怎么办？这个要看是故意还是无意的，如果是无意，运营公司会派人第一时间把投错的物品取出来。但如果是同一个人故意多次投错，超过三次，其注册手机号就会被拉黑，从此再也不能使用智能设备了。

3.4.2　微信预约上门回收

微信预约上门回收是一种灵活便民的服务方式。目前已有中国天楹、爱分类等环保公司开展此项业务。环保公司通过在小区设立站点，免费向小区居民发放可承重 30 ~ 40kg 的专用垃圾回收袋，当用户积攒的塑料、玻璃、旧衣物、书纸等可回收物装满这个回收袋后，用微信小程序进行预约，有专门回收员上门回收到专门的回收网点（见图 3.30）。

▶ 图 3.30　垃圾分类回收网点

回收员在预约规定时间内，到达居民家中，对垃圾袋中的垃圾进行称重。并按每公斤 0.8 元"环保金"的奖励发放到居民微信环保账户里。居民使用该"环保金"在线下合作便利店和线上商城进行消费（见图 3.31）。

▶ 图 3.31　微信预约回收个人账户信息

公司专用运输车到达分拣中心后，这些生活垃圾被细分为50多个种类。仅塑料制品就被分为十几种。精细分类好的物品根据是否可以再生利用进行处理，不可再生的会被运往填埋场、焚烧厂，可进一步利用的被运到资源回收厂进行再生。

3.4.3 现场积分兑换、现金交易

为了应对部分小区老年人不善于使用智能设备投递和智能手机预约的情况，一些环保企业通过在小区定期举行现场回收活动（资源回收日活动）以解决这一问题（见图3.32）。

▶ 图3.32 资源回收日活动现场

通过在每周六举办资源回收日活动，居民可以将积攒的塑料瓶、硬纸板、旧报纸、易拉罐等在现场进行称重，然后根据市场价格售卖。也可以兑换成积分现场换取生活用品（见表3.1、表3.2）。目前，中国天楹在全国各地包括上海、北京、广州、成都、南京、天津等城市开展的垃圾分类项目除了微信预约上门回收之外均具有此种奖励方式。

▶ 表 3.1　中国天楹部分项目积分兑换标准

序号	垃圾类别	重量/kg	积分	备注
1	纸类	1	100	积分标准会根据市场行情进行优化，以上仅供参考
2	金属	1	100	
3	塑料	1	150	
4	玻璃	1	10	

▶ 表 3.2　中国天楹部分项目积分可兑换的日常用品

序号	名称	所需积分	备注
1	厨余二维码垃圾袋	500	每卷垃圾袋 30 个
2	其他二维码垃圾袋	500	
3	清风纸巾抽纸	1490	原木纯品 180 抽 6 包
4	海飞丝洗发露	6990	清爽去屑去油型 750mL
5	曼秀雷敦保湿活力洁面乳	4080	150mL
6	苏泊尔不粘无油烟炒锅	13900	电磁炉燃气通用
7	张小泉居家厨房刀具	6900	不锈钢
8	十八子作居家厨房剪刀	1500	办公剪家用剪厨房剪
9	蓝月亮洗手液	1990	芦荟抑菌 + 野菊花清爽瓶装
10	舒肤佳香皂	1290	薰衣草舒缓呵护 115g×3
11	苏泊尔砂锅	14900	1.5L
12	达洁一次性保鲜袋	1090	240 只加厚食品袋
13	威露士绿劲马桶清洁剂	1990	700g×2
14	3M 思高易扫净扫把套装	3000	含扫把簸箕
15	洁玉毛巾	1290	1 条
16	3M 思高洗碗布抹布	899	5 片装
17	爱奇艺会员	2000	1 个月

续表

序号	名称	所需积分	备注
18	搜狐视频会员	1500	1个月
19	腾讯视频会员	2000	1个月
20	手机充值卡	5000	50元
21	金龙鱼芝麻油	1990	400mL
22	金龙鱼花生油	5360	1.8L
23	中盐无碘盐	270	300g
24	太太乐鸡精	1220	250g
25	海天生抽酱油	1480	1.9L
26	农夫山泉	100	500mL
27	可口可乐	300	500mL 无糖

2017年6月24日，由中国再生资源回收协会联合中华环境保护基金会，在中国天楹股份有限公司的大力支持下，共同发起了"天天都是回收日"公益项目（见图3.33）。自2017年6月～2020年5月这3年期间，以《生活垃圾分类制度实施方案》为指导，在全国开展垃圾分类知识传播、互动参与活动等。"天天都是回收日"的发起，旨在培养全民的环保意识，宣传垃圾分类回收再利用的知识，呼吁大众自觉实现"垃圾分类从自我做起"，给社区带来更好的生活环境。

▶ 图3.33 "天天都是回收日"公益项目

上海自 2011 年开始推广生活垃圾分类减量工作,已连续 6 年列入市政府实施项目,并在 2015 年全面推广垃圾分类正向激励——绿色账户,居民通过正确投递生活垃圾获取积分(见图 3.34)。据了解,支付宝和微信上的"绿色账户"通过精准定位,把居民的每一次善举都转化成账户里的积分,让垃圾分类变得"实惠",目前各区居民积极参加(见图 3.35)。这项活动是上海生活垃圾分类减量联席会议办公室与支付平台共同打造的"城市服务"新内容,通过建立奖励机制,激励市民主动准确参与日常生活垃圾分类,增强分类减量的实效。

▶ 图 3.34　上海绿色账户标识宣传语及卡片

发卡排行榜			覆盖户数排行		
排名	地区	总计	排名	地区	总计
1	浦东新区	791125	1	浦东新区	1207897
2	闵行区	778257	2	闵行区	832772
3	宝山区	686375	3	宝山区	713315
4	普陀区	466401	4	普陀区	503703
5	松江区	421661	5	松江区	502275
6	杨浦区	413595	6	杨浦区	451368
7	徐汇区	393843	7	嘉定区	440809
8	奉贤区	369274	8	徐汇区	403945
9	嘉定区	360343	9	奉贤区	357650
10	青浦区	344056	10	青浦区	332690
11	静安北	301594	11	崇明区	329196
12	长宁区	259315	12	静安北	307204
13	虹口区	228421	13	长宁区	287772
14	黄浦区	227031	14	虹口区	265596
15	金山区	212631	15	金山区	252525
16	崇明区	212210	16	黄浦区	235521
17	静安区	90000	17	静安区	90180

▶ 图 3.35　上海绿色账户信息(数据截止至 2019 年 11 月 11 日)

同样，对于那些可回收垃圾，有关部门也将回收所得转化成为市民垃圾分类的动力。黄浦区、静安区等区针对可回收物的末端处理也运用了线上线下结合的形式，向居民发放"拾尚包"，统一收集可回收物（见图 3.36）。一些社区还专门设立了可回收垃圾的自动回收机，通过智慧联网，居民只要微信扫一扫，便可进入小程序，开启投放门，机器自动称重后，会按照 1 元 /kg 的标准将回收款打入居民的微信钱包。

有些企业运营时，为激发小区居民参与生活垃圾分类的积极性，会定期更新参与垃圾分类居民的得分情况，根据评比得分，排名靠前的居民将获得一定的奖励（见图 3.37）。

▶ 图 3.36 上海部分区发放的拾尚包　　▶ 图 3.37 小区居民月度垃圾分类评比得分

3.5 不一样的垃圾车

3.5.1 准时出现的"神秘人"

不知道你有没有想过自己居住的小区每天产生的生活垃圾是什么时候被运走的呢？又是被谁运走的？实际上每个地方产生的垃圾都是由勤劳的环卫工人每天定时收运的，并且大部分时间他们都是准时出现，风雨无阻，只有这样当你醒来时看到的都是干干净净地面，才不会影响大家的生活。

收运车一般配置两名工作人员，一名司机和一名跟车工，他们均穿着统一的比较显眼的服装，其中司机根据规划路线依次收运各站点垃圾，跟车工负责将装满垃圾的桶转移至车位以便垃圾倾倒至车内；或者跟车工负责将装满垃圾的桶转移到桶装车上，然后用空桶替换。

而对于小区产生的非日常生活垃圾，包括大件垃圾、建筑垃圾、装修垃圾等，由小区物业或者产生垃圾的住户联系环卫部门或者运营企业进行上门收运（见图3.38）。

▶ 图3.38　大件垃圾收运车

农村地区的生活垃圾一般由保洁员每日清晨集中收纳至村集中点，然后由收运车和跟车工准时到达收集点收运（见图3.39）。

▶ 图3.39　村集中点垃圾收运

道路两旁垃圾桶中垃圾由该路段环卫作业人员使用小型保洁车按时沿街收运，收集后运至附近垃圾集中中转站（见图3.40）。

▲ 图 3.40　泰州高港新城生活垃圾中转站

3.5.2 厨余垃圾/餐厨垃圾/湿垃圾/易腐垃圾收运车

由于每家每户产生的厨余垃圾/湿垃圾、餐饮店产生的餐厨垃圾均具有含水量大、有机物含量高、易腐败的特点，因此几乎所有餐厨垃圾/厨余垃圾/湿垃圾/易腐垃圾收运车都必须进行密封处理（见图3.41）。目前收运车辆为专业收运车，类型以挂壁式和桶装车为主，部分居民区或者企事业单位单独配置小型流动收运车收运至集中点，然后大车准时收运（见图3.42）。

▲ 图 3.41　湿垃圾收运车

▲ 图 3.42　小型流动垃圾收运车

餐饮店产生的餐厨垃圾一般使用专门的餐厨垃圾车收运，餐厨垃圾车是将桶装餐厨泔水垃圾经该车输送带缓缓上移，在车顶部倒入车厢内（车厢可分为箱体和罐体），被投放的垃圾经过强有力的推板挤压，在罐体内实现固液分离，被分离的液体进入罐体底部的污水箱，固体垃圾被压缩储存在罐体，体积变小，如此反复待装满后送至餐厨垃圾资源优化处理厂。整个过程实现自动化，减少人力成本（见图3.43）。

▶ 图 3.43　挂壁式餐厨垃圾收运车

对于湿垃圾/厨余垃圾的收运，国内很多城市都对其提出相关要求和标准，如上海市湿垃圾收运体系标准。

① 湿垃圾采取上门收集，做到"日产日清"。

② 湿垃圾和餐厨废油收运企业采用密闭专用车辆收运，避免运输过程滴漏、遗撒和恶臭产生（见图3.44）。

③ 收运企业发现所交的生活垃圾不符合分类标准，应当要求改正；拒不改正的，收运单位可以拒绝接收。

④ 镇区域范围居住区和单位湿垃圾由各镇环卫收运队伍收运。

⑤ 公共场所湿垃圾由管养单位收运或委托环卫企业收运。

▶ 图 3.44　餐厨废油回收专用车

3.5.3 有害垃圾收运车

有害垃圾收运车为专项收运，不可用作其他垃圾收运作业（见图 3.45）。国内很多城市对有害垃圾收运已作出规定，必须配置专用有害垃圾收运车，及时将存放在企事业单位和居民住宅小区的有害垃圾收运至有害垃圾暂存点，尽可能减少有害垃圾对环境的影响。

▶ 图 3.45　有害垃圾收运车

有害垃圾经专用收运车收运放置于暂存点，而后由有资质的企业进行收运处理，或者从源头直接由企业收运至处理中心（见图 3.46）。

▶ 图 3.46 有害垃圾收运车和暂存点

3.5.4 可回收物收运车

可回收物的回收方式一般主要包括现场回收、预约回收和设备投放三种，现场回收由运营企业在定期组织的资源回收日活动时回收，通过现金交易或者积分兑换返还用户。回收的各类可回收物经专用收运车收运，一般收运车类型为面包车，外形与国家或者当地可回收物标识相一致，通常为蓝色。

除了现场回收之外，部分用户还可采用微信预约、电话预约的方式让企业定时上门回收（见图3.47）。

▶ 图 3.47 可回收物收运专车

已开展垃圾分类的小区均具有生活垃圾分类投放点，在经过长效的分类宣传后可回收物得到有效分离，收运企业将每天定时定点地收纳各类可回收物。

目前国外有些国家已经开始使用一体式可回收物分类收集车（见图3.48），此款收集车箱体为分格式，在源头收集时可将不同可回收物进行分类投放，投放不同可回收物的分箱体外观通过不同颜色显示。此种收运车型大大提高了可回收物的收集效率，并且减轻了后端的分拣工作量。

▶ 图3.48 可回收物分类收集车

3.5.5 其他垃圾/干垃圾收运车

虽然根据垃圾组分来看，全国各地均是厨余垃圾占比最高，但是就目前分类效果来看其他垃圾的量最大，主要是因为大家对成分分类不清，不了解的成分全部作为其他垃圾投放。其他垃圾收运车种类较多，包括后载式压缩车、桶装车、自装卸车、挂壁车、密闭式收运车等类型。

对于末端距离不是很远的区域，可以直接采用大中型压缩车收运，满载后直接运至末端处理中心（见图3.49）。

▶ 图 3.49　大型后载式压缩收运车收运其他垃圾

目前全国范围内的其他垃圾/干垃圾收运模式多以转运作业为主，前端源头利用小中型密闭式收运车收运（见图 3.50），运至城市生活垃圾转运站进行压缩作业，提高生活垃圾的密度，减少体积，然后再利用大型转运车将压缩后的包块或者压缩箱运至末端（见图 3.51）。

▶ 图 3.50　小型密闭式收运车

▶ 图 3.51　其他垃圾/干垃圾转运站和配套的大型转运车

3.6 垃圾都去哪里了？

3.6.1 可回收物回收再用

生活垃圾中的可回收物回收之后，大部分经过一定的工艺均可以得到再生，重新回归我们的生活中。

3.6.1.1 塑料回用

废塑料是可回收物中占比最多的一类，其应用和类别广泛，在日常生活用品中广泛存在，包括包装材料、洗漱用品材料、瓶子等（见图3.52）。

▶ 图 3.52 垃圾分类塑料标志及常见类型

废塑料经人们丢弃后一般先经过粗打包作业（见图3.53），然后运输至资源再生中心进行精细化分拣或者精细化分选，按照不同材质将塑料进行分类。

▶ 图 3.53　生活中的废塑料打包块

目前塑料材质主要分为 6 大类，不知道你注意了没有，塑料制品中一般也会用编号进行区分（见图 3.54）：

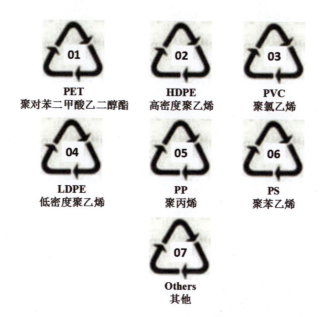

▶ 图 3.54　不同编号代表不同的塑料种类

（1）塑料造粒

废塑料经精细化分类之后将售卖至后端再生塑料利用企业，有些企业可以将不同种类的塑料进行造粒，初始造粒可能会比较粗糙，质量比不上原始塑料粒子，所以有些企业在造粒环节会添加一定的改性剂、着色剂、增强剂等，改变最终塑料粒子的颜色和其他一些性质（见图3.55）。根据不同塑料粒子的特性售卖至不同需求的再生塑料产品生产企业。

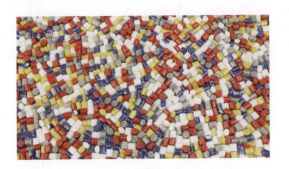

▶ 图 3.55　不同种类塑料造粒后的改性粒子

当然塑料是不可能永远再生使用的，每一次的再生利用其性能都会有一定的下降，所以每一次都是降级利用。当其性能降低到无法再生时，可以通过化学方法将其还原成原始的小分子材料，即原始化学品。

（2）塑料瓶可以再生衣服

塑料瓶属于食品级的PET，它实际上可以用来制作聚酯纤维，或者说化纤、PET纤维、涤纶、无纺布、的确良。中国塑协专家委员会表示，市场上塑料类回收率最高的是塑料瓶，大概有98%被回收，回收后主要流向了纺织行业（见图3.56）。

▶ 图 3.56　塑料瓶再生衣服的过程

（3）装饰品、手工制作品等

用塑料瓶制作手工艺品是一个非常棒的方式（见图 3.57），但是非常考验你的动手能力。

▶ 图 3.57　塑料瓶制作手工艺品

3.6.1.2 纸类再生

纸是另一种和我们生活密不可分的产品，其中常见的有报纸、笔记本、包装盒、书本等。根据制造工艺的差异主要分为报纸类、黄纸板和花纸板几类。基本上所有废纸均可以回收再用（见图 3.58）。

▶ 图 3.58　垃圾分类纸类标志及常见类型

（1）制造再生纸

这是利用废纸最广泛的途径。不仅可以用来制造再生包装纸，而且用来制造再生新闻纸。法国一家造纸公司，成功地开发出新闻纸再生的新工艺。

（2）生产酚醛树脂

在生产中，旧报纸及办公用废纸均可作原料，但使用办公用废纸为原料成本低，仅为使用旧报纸的1/2。日本王子造纸公司研究成功将废纸溶于苯酚中，用来生产酚醛树脂的新技术。

（3）制作家庭用具、装饰品

在新加坡等地，人们利用旧报纸旧书刊等废纸原料，卷成圆形细长棍，外裹塑胶纸，手工编织地毯、坐垫、提包、猫窝、门帘，甚至茶几、躺床等家庭用具，或者制作大风车、汽车、存钱罐等装饰品。

（4）压制胶合硬纸板

有些国家的科技人员在温度为80℃的条件下，采用五层废纸和合成树脂，共同压制成一种胶合硬纸板，其抗压强度比普通纸板高2倍以上。

（5）模压沥青瓦楞板

印度中央建筑研究院的科技人员，利用废纸、棉纱头、椰子纤维和沥青等为原料，模压出新型建筑材料沥青瓦楞板。用这种沥青瓦楞板盖房屋，隔热性能好、不透水、轻便、成本低，还具有不易燃烧和耐腐蚀的特点。

（6）回收甲烷

瑞典的专家将废纸打成浆，再向浆液中添加能分解有机物的厌氧微生物的水溶液；然后，移入反应炉，炉中废纸浆液里的纤维素、甲醇和碳水化合物等转变为甲烷；再用酶将木材抽出物除掉，即可得到燃料甲烷。

（7）培育平菇

英国科技人员用废纸培育平菇，获得了较高的经济效益。

3.6.1.3 金属再利用

工业生产和社会生活中会产生大量的废金属，包括废罐、废桶、废电线、废电缆等（见图 3.59）。目前世界金属产量，如钢产量的 45%、铜产量的 62%、铝 22%、铅 40%、锌 30% 都来源于废金属的回收再利用。废金属的再生利用可降低能源消耗，节约大量投资费用。

▶ 图 3.59 垃圾分类金属标志及常见类型

生活中废金属的种类繁多，有人曾做过这样的估算：回收一个废弃的铝质易拉罐要比制造一个新易拉罐节省 20% 的资金，同时还可节约 90%～97% 的能源。回收 1t 废钢铁可炼得好钢 0.9t，相当于节约矿石 3t，可节约成本 47%，同时还可减少空气污染、水污染和固体废弃物。

可见，废旧金属的回收再利用不仅能够缓解资源需求，对环境起到保护作用，还有着巨大的经济效益。

（1）废金属提取工艺

为了提高产品的性能，一般金属都是混合存在。为了提纯，废旧金属主要通过火法富集、湿法溶解、微生物吸附等工艺实现资源回收利用，既减少对自然环境的破坏，又降低金属冶炼成本。

（2）废金属制作工艺品

金属配件在大部分人手里是废铜烂铁，但是在设计师的手中却是各种工艺品的材料，他们精巧的手法让各种废金属重新焕发新的活力（见图3.60）。

▶ 图 3.60　废金属再造工艺品

上海老港的生活垃圾科普展示馆，其设计、建造和布展的方式，也融入了很多废旧金属的元素。例如，门厅背景墙的一尊绿色山水概念雕塑，是利用回收金属板做成的（见图3.61）：

展厅中还摆放着用易拉罐制成的展品——"大小眼易拉罐合唱团"，非常可爱，即使是小朋友也是可以完成的（见图3.62）。

▶ 图3.61　上海老港生活垃圾科普展示馆背景墙

▶ 图3.62　易拉罐制作的"大小眼合唱团"

（3）废金属简易回用

家住农村的孩子可能会见过这些东西，每年过年前就有一些农村匠人开着三轮车拉着模具，各个村子转悠，为村民把废铝铸成铝锅、铝盆等（见图3.63），不过，现在随着人民生活水平的提高，这种简易再造铝锅逐渐退出了历史的舞台。

▶ 图3.63　废金属铝再造铝锅

3.6.1.4 玻璃回收

2017年我国废玻璃回收利用量为926.8万吨，同比增加0.5%。其中平板玻璃及制品废玻璃回收利用量为513.9万吨，占总回收利用量的55.4%；

日用玻璃及制品废玻璃回收利用量334.7万吨，占总回收利用量的36.1%；其他玻璃及制品废玻璃回收利用量为78.2万吨，占总回收利用量的8.5%。在生活中随处可见各类玻璃制品（见图3.64）。

▶ 图3.64 垃圾分类玻璃标志及常见类型

废玻璃是一种无法焚烧、无法在填埋中自然降解、且无法通过一般的物理化学方法加以分解和处理的废弃物。另外，由于玻璃制造和加工等原因，废玻璃中含有锌、铜等重金属，对土壤和地下水造成污染。另一个问题是玻璃容易破碎，一旦有生物试图吞下或舔食玻璃碎片上剩下的食物或饮料，就有可能遭受到严重的伤害。

所以，包括我国在内的所有国家历来都非常重视对废玻璃的回收利用，并不断探索其回收利用新技术、新途径。目前玻璃制品的回收利用有几种类型：作为铸造用熔剂，转型利用，回炉再造，原料回收和重复利用等。

（1）作为铸造用熔剂

碎玻璃可作为铸钢和铸造铜合金熔炼的熔剂，起覆盖熔液防止氧化的作用。

（2）转型利用

转型利用是一种亟待开发的回收利用方法，今后将会有很多新的可带来增值的技术用于转型利用。经预处理的碎玻璃被加工成小颗粒的玻璃粒后，可以继续和其他材料混合再生建筑制品、路面组合材料、装饰材料等。

（3）回炉再造

将回收的玻璃进行预处理后，回炉熔融制造玻璃容器、玻璃纤维等。

（4）原料回收

将回收的碎玻璃作为玻璃制品的添加原料，适量地加入碎玻璃有助于玻璃在较低温度下熔融。

（5）重复利用

目前，玻璃瓶包装的重复利用范围主要为低值量大的商品包装玻璃瓶。如啤酒瓶、汽水瓶、酱油瓶、食醋瓶及部分罐头瓶等。

3.6.2 其他垃圾处理

3.6.2.1 焚烧发电厂

根据目前垃圾分类现状，生活垃圾中成分最多的为其他垃圾/干垃圾（见图3.65）。

▶ 图3.65 垃圾分类其他垃圾标志及常见类型

分类后的其他垃圾组分经收运车运至焚烧发电厂进行焚烧发电，具体过程如下。

① 生活垃圾由垃圾车定期运入电厂，经设在厂区内的地磅进行计量后，自动卸入垃圾堆库。

② 垃圾经抓斗起重机转卸到炉前垃圾料斗，经垃圾给料机连续均匀送入焚烧炉内进行燃烧。

③ 燃烧产生的烟气经悬浮段碰撞炉顶防磨层，部分粗物料返回降落，烟气只携带细物料离开炉膛进入高温旋风筒分离器。

④ 进入高温旋风筒分离器的烟气经旋风筒分离后，细物料通过返料器返回炉膛后循环燃烧。分离后含少量飞灰的干净烟气通过上排气口流经过热器及尾部受热面后排出锅炉本体。

⑤ 垃圾经锅炉燃烧后产生的炉渣从布置的排渣口放出，直接落至冷渣器，经冷却后运至渣库，外运用于制砖。

⑥ 锅炉产生的高温烟气经受热面热交换产生过热蒸汽，最后接入蒸汽母管用于发电。

⑦ 烟气经余热锅炉进入烟气净化主系统，烟气净化主系统由反应塔、袋式除尘器、引风机和烟道管组成。

⑧ 净化后的烟气中烟尘和有害成分降低到符合环境允许的排放浓度后，通过烟囱排入大气。

目前，国内其他垃圾处理方式逐渐从填埋向焚烧发电转变，各类设计新颖环保的焚烧发电厂也在各地兴起（见图3.66）。

▶ 图 3.66 生活垃圾焚烧发电厂

3.6.2.2 垃圾填埋场

生活垃圾填埋处理和焚烧发电工艺一样，是处理其他垃圾或者未进行分类处理的混合垃圾的另一个主要工艺。一般填埋场位置位于远离城市中心的空旷地带，占地面积较大。为避免填埋垃圾对大气、土壤及地下水的影响，需要严格做好底部密封和每层的封场作业。垃圾填埋场的布局见图 3.67。

▶ 图 3.67　垃圾填埋场布局

3.6.3 餐厨垃圾处理

餐厨垃圾包括餐饮店产生的餐饮垃圾和家庭产生的厨余垃圾，其中厨余垃圾在部分地区又称为易腐垃圾。

国内生活垃圾中厨余垃圾不论是北方还是南方，占比均较高，并且由于生活习惯和国外的差异使得国内厨余垃圾具有含水量大、有机物含量高、易腐败等特点。国内目前厨余垃圾处理主要有两种方法，分别为前端厨余垃圾处理器处理和后端厨余垃圾处理机厌氧发酵工艺两种。

3.6.3.1 厨余垃圾处理器

厨余垃圾处理器可以安装在每家每户，从源头减少厨余垃圾进入中端运输、末端处理的量，处理器可处理的常见厨余垃圾类型见图3.68。

▶ 图 3.68 处理器可处理的常见厨余垃圾类型

居民可以将其安装在洗碗台与下水道连接处（见图3.69），厨余垃圾通过厨余垃圾处理器破碎后进入下水管网系统。

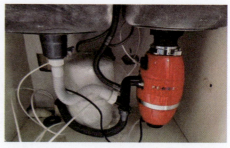

（a）安装前　　　　　　　　　　（b）安装后

▶ 图 3.69 厨余垃圾处理器安装位置

3.6.3.2 厨余垃圾处理机

厨余垃圾处理机适合用于一定规模的小区、大型餐饮企业、机关/学校食堂等地，通过此处理机器能够实现厨余垃圾的减量（见图3.70）。压榨脱水及高温烘干时的污水经过处理达标后排入市政污水管网；发酵废气通过环保过滤装置预处理后，排送至喷淋洗涤塔净化，再经过活性炭装置过滤，最终排到一片花草绿植间；最后的有机肥主要用于绿地、公益林、花草种植等。

▶ 图3.70　大型厨余垃圾处理机

3.6.3.3 厨余垃圾厌氧发酵处理

厨余垃圾厌氧发酵主体工艺流程主要包括分选、制浆、脱水、厌氧等环节（见图3.71）。

厨余垃圾经预处理分选出不能降解的物质，此部分物质外运至垃圾综合处理厂处理，剩余的有机物经破碎制浆、脱水处理。脱出的水经油水分离，油脂部分进入废弃油脂处理系统，水部分进入废水处理系统，剩余的渣进入厨余厌氧系统。厌氧产生的沼气进入沼气处理系统，经脱硫、脱水后燃烧发电产热供厂区工艺系统自用，厌氧产生的沼渣进入脱水系统。脱水系统产生的废水进入废水处理系统，脱水后的残渣外运至污泥处理厂或垃圾综合处理厂焚烧处理（见图3.72）。

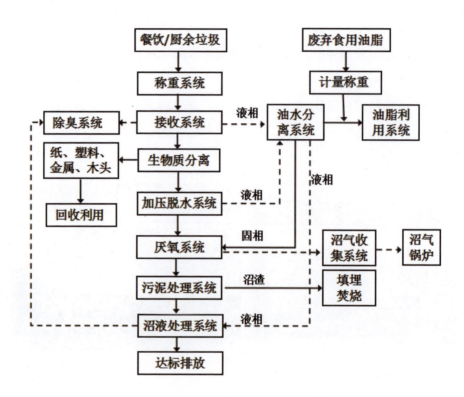

▶ 图 3.71 厌氧发酵主体工艺流程

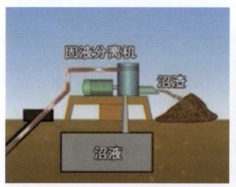

▶ 图 3.72 脱水后的残渣处理

3.6.4 有害垃圾处理

有害垃圾主要包括：废电池（镉镍电池、氧化汞电池、铅蓄电池等）、废荧光灯管（荧光灯管、节能灯等）、废旧温度计、废液血压计、废药及其包装、废涂料、溶剂及其包装、废弃杀虫剂、消毒剂及其包装、废膜、硒鼓、光盘、笔芯等。国内生活垃圾中有害垃圾主要为电池类、灯管类和家用化学品（见图3.73）。

▶ 图3.73　有害垃圾常见类型及分类标志

目前国内已进行有害垃圾分类和处理的地方均优先设置专门的堆放场所。并且场地建设必须符合《危险废物贮存污染控制标准》（GB 18597）中相关要求，达到防风、防雨、防晒、防渗漏的"四防"标准。

有害垃圾分类储存，各分区张贴显著的标识。分类存储到达一定量后运至后端的处置中心，目前有害垃圾处理方式有焚烧、填埋、化学提取等方法。下面主要介绍废灯管、废电池、废药品和废涂料桶处理方式。

（1）废灯管处理

荧光灯管经过周转箱收集（见图3.74），然后运至处理中心经过破碎后，碎片中的汞经过高温蒸发再冷凝回收利用；荧光粉经化学处理后形成新的荧光粉，用于新荧光灯制造；分离后的玻璃和金属回收利用。

▶ 图 3.74　荧光灯管周转箱

（2）废电池处理

废电池通过磁选进一步分为不同种类的电池（见图 3.75）。依据电池的性质，采用破碎、蒸发、干燥等物理、化学方法，将电池内的贵金属等成分提取出来，可以减少对环境的污染。

▶ 图 3.75　电池分类单独堆放

（3）废药品处理

废药品因没有利用价值，一般经过高温蒸煮、粉碎后填埋或直接进入焚烧厂焚烧处理。

（4）废涂料桶处理

废涂料桶单独存储至一定量后（见图 3.76），然后集中处置。一般废油漆桶直接进行焚烧处理，但为了资源化利用，较为干净的废涂料桶经过专业的清洗过程后，返回到原单位再利用或用于复合固体粉末材料的包装。

▶ 图 3.76　废涂料桶单独存储

第 4 章

争做垃圾分类好市民

4.1 树立正确的环保价值观

2019年7月,上海市如火如荼地开展垃圾分类活动。实施伊始,"垃圾分类"就跻身"超话"、喜提热搜,在网上网下掀起浪潮般热议(见图4.1)。话题从让人煞费一番苦心的干湿垃圾之辨,到移风易俗的习惯之变;从"怎么分"到"谁来管";从运输成本,到处理闭环;为什么推广垃圾分类,还要进行垃圾焚烧吗……热烈讨论的背后代表着民众在思考,愿意付之以行动。

▶ 图 4.1 垃圾分类逐渐成为热门

垃圾分类已成为不可阻挡的时代潮流。为了在神州大地上助力这场轰轰烈烈的垃圾分类行动推得动、行得远,各种循序渐进、试点推广的计划早已开始。

2018年通过在46个重点城市先行先试,由点到面、逐步启动,初步积累了可复制、能推广的经验;从2019年起,全国地级及以上城市全面启动生活垃圾分类工作;到2020年年底,46个重点城市将基本建成垃圾分类处理系统;到2025年年底,全国地级及以上城市将基本建成垃圾分类处理系统。

我们再将目光回到上海。上海市政府2019年1月出台了《上海市生活垃圾管理条例》，虽然上海并非首个为垃圾分类专门立法的城市，但这部地方性、经大数据调查分析的条例，所激发出的上海市民乃至全国人民的参与热情，超越了大家最初的预期。

过去"盼温饱"，现在"盼环保"；过去"求生存"，现在"求生态"。老百姓的观念在讨论中悄悄转变，在行动中凝聚共识。垃圾分类的制度体系建设也在紧锣密鼓地开展，与老百姓的需求紧密结合。垃圾分类有助于恢复青山绿水，是响应"绿水青山就是金山银山"的直接方式，在新中国成立70周年阅兵式上更是以方阵的方式传达着这种理念（见图4.2）。

▶ 图4.2　新中国成立70周年国庆大阅兵"绿水青山"方阵

党和国家围绕生态文明体制改革总体方案打出的"组合拳"持续发力。由国家发展改革委员会、住房和城乡建设部制定，于2017年出台的生活垃圾分类制度实施方案，计划在2020年年底前，在直辖市、省会、计划单列市及首批生活垃圾分类示范城市中先行实施强制分类，并达成基本建立垃圾分类相关法律法规和标准体系的目标。

龙头牵引、四轮驱动，绿色家园建设的马车吱呀起步、隆隆向前。地方垃圾分类制度制定、出台、验收按下快进键。厦门、广州、重庆、太原、邯郸、长沙、西宁、黄山……数十个城市生活垃圾分类地方性法规或规章见诸报端；更多城市立法规划正在火热推进。

垃圾分类仅是一个具象缩影，投射出的是国家对循环经济发展、生态文明建设的谋篇布局，是新中国成立70年来环境保护、可持续发展、生态文明建设的鲜活映现。同时，这也是一个城市管理能力和市民素质的综合体现，是提升社会文明水平的重要标志。只有学会垃圾分类，才能共享绿水青山（见图4.3）。

▶ 图4.3 学会垃圾分类，共享绿水青山

4.2 我们的责任与义务

垃圾分类管理工作是一项系统工程,具有长期性、复杂性和艰巨性的特点。因此,垃圾分类工作不是一蹴而就的事情,而是在于我们长期坚持不懈地努力,需要一个循序渐进的过程。我们每个人既是垃圾的制造者,又是垃圾产生后的受害者,我们理应成为垃圾分类的倡导者和践行者,逐步成为垃圾分类的志愿者,要树立垃圾分类理念,携起手来保护好我们的生态环境和人居环境。

若想做好垃圾分类,就要先了解一些有关垃圾分类的知识,然后按照国家颁布的相关法规政策正确地投放日常生活垃圾,这是我们的责任,也是我们的义务。

(1)垃圾分类势在必行

自从 2019 年 7 月 1 日《上海市生活垃圾管理条例》正式实施以来,上海所有的社区全面实施定时定点扔垃圾的规则。例如有些社区每日早间 7:00 ~ 9:00、晚间 6:00 ~ 8:00 是社区规定的垃圾投放时间,其他时间段,投放垃圾处便会被上锁。

条例实施后,部分市民便遭遇了"完美错过丢垃圾时间"等问题。有些人选择请钟点工来解决垃圾的投放问题,也有不少住户因为赶不上规定时间,直接把垃圾袋放到楼下,导致袋装垃圾随处可见。有需求便有市场,相关业务如雨后春笋般出现。在电商平台搜索"垃圾代扔",便能看到不少上海地区的店家提供上门回收垃圾服务(见图4.4)。经咨询,某店铺提供包月服务的价格为 220 元 / 月,顾客只需告知客服每天大概的时间,然后将垃圾放家门口或楼道,便会有工作人员上门将垃圾带走分类处理。有些商家将收费体系与业务范围制定得更加详细,还推出了月付、拼团等优惠,不同楼层、有无电梯也会有不同的价格标准,每次回收垃圾的重量上限也会做出相应规定。

▶ 图 4.4　上海某搬家公司衍生的代扔垃圾服务

（2）明确基本责任义务

2019 年 9 月，北京市 12257 名三级人大代表深入社区、村镇实地调研，听取群众关于修订生活垃圾管理条例的意见。在 24.3 万名参与调查的群众中，近九成人赞同实施生活垃圾总量控制。可见垃圾分类在群众心中是有高度共识的，但如何将共识转化为现实仍需各界共同努力。

早在 2019 年 5 月 29 日，北京市人大城建环保委员会建议修改完善《北京市生活垃圾管理条例》，便通过立法明确分类投放是垃圾产生者的基本责任和义务。有人提出，未来在条例修改过程中，要提高个体的违约成本，让市民在更严格的管理过程中习惯成自然。对此，中国政法大学教授王灿发非常赞同，他认为只有设定"违约成本"，才能有谴责违法者的根据，才能要求市民按照条例实施，如果不把分类投放作为垃圾产生者的责任和义务，就没办法强制要求市民遵守。但不能让老百姓去分类细化，应让垃圾收集和处理单位或专门机构进行细致分类。

实际上，环保法已经规定了任何单位和个人都有保护环境的义务，垃圾分类是环境保护的重要内容。那么谁产生的垃圾，谁就应该来负责，尽量不破坏环境,所以承担分类义务是应该的。因此,谁产生垃圾谁承担分类义务将逐渐成为社会的主流意识。

(3)以身作则,积极参加到垃圾分类工作的第一线

垃圾分类的顺利开展离不开你我他,它是需要全社会团结一致、坚定一个信念,永不放弃,持久开展下去的利国利民的大事。我们每个人都应该积极争取做到以下几点。

1)牢固树立垃圾分类意识,争当模范员

强化垃圾分类主人翁意识,树立"垃圾分类,从我做起"的观念,践行"可持续发展"的生活理念,把垃圾分类当成我们责无旁贷的责任,自觉在工作和生活中实行垃圾分类,以身作则,用自己的模范行为带动身边的人,形成人人参与、个个出力的良好氛围(见图4.5)。

▶ 图4.5 积极主动参与垃圾分类,争做垃圾分类模范员

2)学习掌握垃圾分类知识,争当宣传员

学习掌握垃圾分类的标准要求和操作细则、垃圾减量的经验办法和消费方式,并主动加入小区、街道开展的各项生活垃圾治理活动,积极向身边亲友宣传、讲解生活垃圾分类减量的政策和知识,让他们主动参与到日常生活垃圾分类中(见图4.6)。

▶ 图 4.6　时刻做好宣传准备

3）养成低碳环保生活习惯，争当引领员

坚持从源头减量，践行低碳节约、循环利用的工作生活方式。减少使用一次性用品，促进饮料纸基复合包装、玻璃瓶罐、塑料瓶罐等包装物回收再利用，严格按照生活垃圾分类的标准要求，耐心严谨地将生活垃圾分类投放。以实际行动和良好形象，引领周边亲友和市民参与到垃圾分类减量工作中去（见图 4.7）。

▶ 图 4.7　家中分好类，争当引领员

4）积极维护垃圾分类成果，争当督导员

垃圾减量，非一朝一夕之功；垃圾分类，非一人一事之成，必须长期坚持，全民参与。广大市民不但要自觉从自己做起，从小事做起，从现在做起，还要热情帮助劝导他人，对乱丢乱扔、混装混运生活垃圾的现象敢于批评指正和曝光揭丑，以积极的姿态推进我市生活垃圾分类减量工作行稳致远。

4.3 从你我做起，从现在做起

做好垃圾分类应该不分场所，并不是说在自己家里做好垃圾分类就不管其他地方而肆意妄为了，应该将垃圾分类作为生活中的习惯长期贯彻。当然，最好的垃圾分类习惯是在源头减量，尽量减少产生的垃圾量。这需要所有人的努力，从你我做起，从现在做起。

4.3.1 在居家生活时

家是我们就每个人的生活场所，所以也是产生生活垃圾最多的场所。根据调查显示城市居民每日产生的生活垃圾在 0.8～1.2kg 之间，其中包含可回收物、厨余垃圾、有害垃圾和其他垃圾。所以如何在家里做好垃圾分类工作至关重要。

（1）选择适当的垃圾收集设备

针对厨房、卧式、客厅、卫生间等不同区域选择符合该区域生活垃圾产生特点的垃圾桶。例如厨房区域产生的生活垃圾种类最多，有厨余、可回收和其他三种，此时应该放置多种分类设备，而由于厨房一般面积较小，不适合使用占地面积过大的垃圾桶，因此可以优先选择占地面积小的多层多功能垃圾桶（见图 4.8）。

▶ 图 4.8　家用多层多功能垃圾桶

当考虑到夏季厨余垃圾放置时间长容易产生异味时，也可以配置密闭性好的设备，或者动手能力强的情况下自己制作密闭厨余垃圾收集设备（见图4.9）。

家庭有害垃圾产生量较少，没有必要购置专门垃圾收集设备，可以采用快递箱、电器箱、食品包装箱等大型纸盒自制手工垃圾桶（见图4.10）。

▶ 图 4.9　手工制作湿垃圾/厨余垃圾收集设备

▶ 图 4.10　自制手工垃圾桶

（2）使用家庭厨余垃圾处理器

生活垃圾中占比最大的是厨余垃圾，尤其是夏季不仅产量大，而且由于温度高容易腐败而产生异味，滋生蚊蝇，所以基本上需要一天一扔。为了避免天天扔垃圾，也为了源头减量，在厨房下水口装上家庭厨余处理器是一个很好的方法（见图 4.11、图 4.12）。目前市场上厨余垃圾处理器品牌繁多，不同品牌处理器对厨余垃圾的处理效率可能会有差异。多数处理器可以顺利处理蔬菜瓜果等有机质含量高的残渣，部分也可以顺利破碎小型骨头。但是一些大骨头、体积较大的蔬菜、果壳，并不适合厨房垃圾处理器，而仍然需要通过传统的垃圾分类方式进入环卫系统去解决。

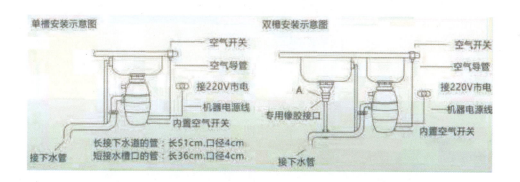

▶ 图 4.11　厨余垃圾处理器安装示意

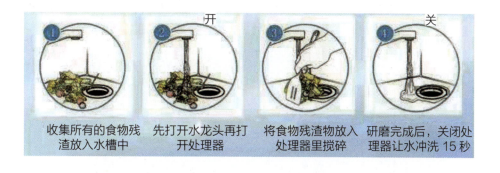

▶ 图 4.12　厨余垃圾处理器操作步骤

有些人会觉得厨余垃圾经过家庭厨余垃圾处理器破碎进入地下管网，会不会增加后面的污水处理系统的负担呢？这种情况大家不用担心，据专家介绍，国内污水的有机质含量比较低，厨余垃圾破碎增加一些有机质进入污水之后，对于整体的污水处理的影响不会太明显。

以北京市为例，北京市每天产生生活垃圾大约为22000t，其中30%，也就是约6600t为厨余垃圾，这些垃圾如果进入市政污水管道，对北京市每日超过400万吨的污水处理能力来说，其所占比例较低，专家认为，这不会对污水处理管网造成威胁（见图4.13）。另据上海的相关研究报告显示，假设10%的上海家庭使用厨余垃圾破碎直排系统，上海的厨余垃圾每天将减少1300t；假设100%的上海家庭使用厨余垃圾破碎直排系统，将增加城市污水约为 $23 \times 10^4 m^3$/a。而上海目前城市污水处理厂的剩余容量为 $160 \times 10^4 m^3$/a，不会对污水处理能力造成影响。

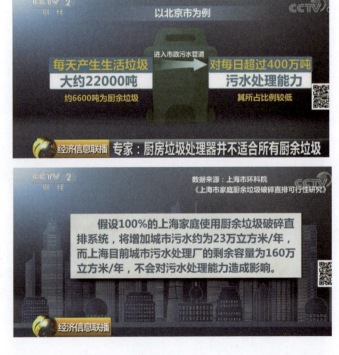

▶ 图4.13　相信科学：厨余垃圾进入下水道对水处理工艺影响不大

（3）正确投放垃圾

居民产生的生活垃圾在源头分类之后，都需要带到小区的收集站定时定点投放点。应该根据不同垃圾收集设备正确投放，或者在志愿者的帮助下正确投放（见图4.14）。

▶ 图4.14 居民在活动现场正确投放垃圾

4.3.2 在学校学习时

（1）减少使用圆珠笔，提倡中性笔和笔芯更换

圆珠笔作为学生常用的写字工具，种类样式繁多，使用量特别大（见图4.15）。一方面，因为这种笔价格便宜；另一方面，是因为使用方便，不需要吸水。在人们的眼里，圆珠笔因为是不值钱的书写工具，所以不珍惜。在购买圆珠笔的时候，无论是单位还是个人，基本上都是到市场上批发，一批发就是一大包。虽然也有笔芯出卖，但是因为不同品牌圆珠笔内部构造有差异，所以很少会有人更换笔芯继续使用，基本上都是直接将笔杆和笔芯一起丢掉。

圆珠笔的原材料是塑料，油墨是一种黏性油质，是用胡麻子油、合成松子油（主含萜烯醇类物质）、矿物油（分馏石油等矿物而得到的油质）、硬胶加入油烟等而调制成的。当我们已经习惯于"用完就扔"的时候，这些圆珠笔也就成为了危害生态的元凶之一。据中国制笔协会统计，全国笔类产品产销量达上百亿支，其中圆珠笔类占到1/2左右，那么全国每年丢掉的圆珠笔会是多少？又会造成多少不该有的污染？

中性笔内装一种有机溶剂，其黏稠度在水性和油性之间，当书写时，墨水经过笔尖，便会由半固态转成液态墨水，中性笔墨水最大的优点是每一滴墨水均使用在笔尖上，不会挥发、漏水，因而可提供滑顺的书写感，墨水流动顺畅稳定（见图4.16）。虽然中性笔的价格会比圆珠笔稍贵，使用时间也变短，但是中性笔材料相对环保，使用完替换笔芯再用频次高，整体来看性价比高，更加环保。

 ▶ 图4.15 各式各样的圆珠笔

 ▶ 图4.16 更加环保的中性笔

（2）参与学校垃圾分类宣传

我国垃圾分类工作推进缓慢的一个很重要的原因是居民没有形成垃圾分类的意识，即使有一部分人有分类意识、分类投放正确，但是因为很多人投放错误所以导致分类收运受阻。因此对于分类意识的培养，习惯的养成非常重要。学生群体是祖国的未来，是未来的希望，是未来社会的主人翁，对于学生群体垃圾分类习惯的培养需要在小时候就开展，使得他们在潜移默化中养成习惯（见图4.17）。

▶ 图 4.17　垃圾分类知识竞赛

在学校开展各类垃圾分类宣传活动时,需要贴近学生群体的生活,融入其中,例如各类垃圾分类游戏,尤其是在"6·1儿童节""4·22地球日""6·5环境日"的时候(见图4.18)。

另一种重要的宣传手段是校园里的公共区域不设垃圾桶,因此每个同学要自己准备好环保垃圾袋,每天孩子们自己产生的垃圾随手放进去。孩子们自己养成了垃圾分类的习惯后自动担当起家庭的环保监督卫士,也可以逐渐带动全家养成垃圾分类的习惯。

▶ 图 4.18　儿童节垃圾分类书籍互换活动

（3）不浪费一粒粮，践行光盘行动，源头减少厨余垃圾产生

垃圾分类的主要目的是实施源头减量化、资源化，从而降低后端填埋场和焚烧厂的处理压力；同时，从源头进行分类，提高资源化原料的品质，减少资源化处理成本。我们知道，厨余垃圾占到了生活垃圾总产生量的1/2左右，如果从源头实施分类、减量，势必可提高垃圾的分类效果。而学校作为一个高素质集聚场所，学生做到不浪费、不攀比，吃多少打多少，吃光盘中餐，养成文明就餐的良好习惯，践行光盘行动，对从源头减少厨余垃圾的产生意义重大（见图4.19）。

▶ 图4.19 光盘行动

4.3.3 在单位工作时

（1）做好单位垃圾正确分类

公司职员工作期间产生的主要生活垃圾包括纸类、塑料类可回收物，以及少量其他各类可回收物和不可回收物。在源头减量的前提下，产生的各类垃圾做到正确分类可以减轻保洁人员的工作压力。

目前垃圾分类范围已覆盖全社会，很多企业会定期组织全员垃圾分类的培训，通过 PPT 展示的形式向全体员工贯宣垃圾分类相关知识。也有些企业动员员工兼职担任分类督导员，主要任务是每天不定时巡查所在区域垃圾分类的情况，碰到不按照要求分类的拍照通过电子邮件发送给相关人员起到警示教育作用，并进行定期考核。

上海松江经济开发区各企业目前垃圾分类开展顺利，经济开发区（经开区）每年会开展垃圾分类专题培训讲座，组织企业代表观摩学习垃圾分类示范企业，通过这种以点带面、实地培训的方式，让企业进一步了解垃圾分类必须从源头抓起的重要性。此外，经开区将生活垃圾分类工作纳入日常考评范畴，并联合城管分队、安检队等相关职能部门一起做好垃圾分类工作。

（2）A4 纸张双面打印

不管是什么工作单位，办公室一直以来都是用纸大户，即使在提倡"无纸化办公"的今天，日常工作中难免总有文件、传真等需要打印成纸质材料，而大部分都是用 A4 纸张打印。你可别小看了这普通到不起眼的 A4 纸，认真算来也是一笔很大的账目。

从费用角度看，假设一个单位 10 个部门，平均每个部门每年大约使用 100 包计算，一包 500 张，总共 500000 张，以一张纸 4 分钱计算，一年就要花掉 20000 元。这还是采用双面打印方式的用纸情况，如果采用单面打印的话，费用就要加倍（见图 4.20）。那么把全国所有地市加起来又有多少个单位，多少个部门？当所有的小账都乘以千万，乘以数亿的数字时，小账就成了足以影响我们国家经济社会发展的大账，这么细细一算，这笔账单真是让人目瞪口呆。

从环保角度看，一张 A4 纸重 0.5/150kg=1/300kg；我国 14 亿人每人丢弃一张纸就是 $1.4\times10^9\times$（1/300）kg=1.4×10^7/3kg=4666667kg。而 1 棵树可生产纸 1000/17kg=59 kg；也就是说需要砍伐 4666667/59 棵=79096 棵树。79096 棵树已然是一片茂密的森林了。所以单面打印的不良习惯不仅仅是浪费资金，更是对资源的浪费（见图 4.21）。

▶ 图 4.20 单面打印的 A4 纸　　　▶ 图 4.21 单面打印，节约用纸

（3）快递包装分类投放

据初步统计，2019 年中国的快递业务量突破 60 亿件，增量领跑全球。快递包装主要以纸张、塑料为主，原材料大多源于木材、石油。随着快递行业的发展，现在市面上的快递包装基本上分为箱盒式包装和袋式包装，其中，袋式包装又分为灰色快递袋和白色气泡膜快递袋。快递包装中常用的透明胶带、塑料袋等材料，含有塑化剂、阻燃剂等有害物质，焚烧时会产生二噁英，严重危害人体健康，造成大气污染；快递盒子里的气泡袋、气泡膜多数由聚乙烯制成，是"白色污染"的主要来源，很难降解；封箱用的胶带，主要材料是聚氯乙烯（PVC），如果埋在土里，100 年也降解不了，会对环境造成不可逆转的损害。

作为快递包装产生源之一，许多单位快递产生量也是很大的，因此结合政府出台的相关政策，单位也先行强制实施了生活垃圾分类，针对快递包装这类较大体积的可回收物，单位应设置投放回收点，便于投放。对于快递纸箱投放时应撕去在其周围贴上的胶带和面单后，折好投入可回收物桶/框内；快递包装袋，气泡袋、气泡膜、气泡枕等快递填充物则需要投入干垃圾桶内（见图 4.22）。

▶ 图4.22 快递包装

（4）果皮茶渣咖啡渣，统统丢进湿垃圾桶

除了设有餐厅或从事食品相关行业的单位外，一般情况下，单位每天产生的厨余垃圾（或湿垃圾）的量相对较少，主要种类包括果皮、茶渣、咖啡渣、快餐盒内剩余物等。单位需要在特定的地点设置集中收集容器，同时有条件的单位可以配置小型有机垃圾堆肥桶（见图4.23），就地对集中收集的厨余垃圾（或湿垃圾）进行处理，也可以将单位产生的绿植废叶投入其中进行混合堆肥，堆制成的有机肥可以对单位室内、室外的绿植进行施肥。

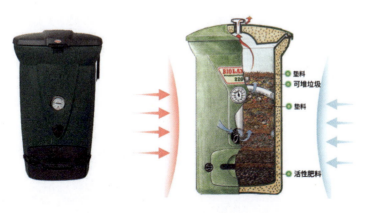

▶ 图4.23 小型有机垃圾堆肥桶

4.3.4 在公共出行时

（1）减少使用酒店宾馆一次性用品

住过酒店大家都会被酒店种类繁多的一次性用品惊呆。长期以来，酒店的一次性用品每年都会造成巨大的浪费。有数据统计，2018年全国44万家酒店丢弃的香皂超过了40万吨，如果每吨香皂按照2万元来计算，这就是80亿元的浪费。

上海市在2019年5月发布《关于印发＜关于本市旅游住宿业不主动提供客房一次性日用品的实施意见＞的通知》，从2019年7月1日起，上海旅游住宿业已不主动提供牙刷、梳子、剃须刀、鞋擦、浴擦、指甲锉这6件一次性日用品（见图4.24）。而且酒店如果违规提供被发现，也会被依法处罚。

▶ 图 4.24　酒店不再主动提供一次性用品

（2）减少使用一次性餐具

2019年10月15日，《北京市生活垃圾管理条例修正案（草案送审稿）》公开征求意见。个人若未按要求投放生活垃圾，由城市管理综合执法部门责令改正，拒不改正的处200元罚款，相关违法行为还将纳入公共信用信息平台。另外，餐馆、旅馆也不得主动向消费者提供一次性餐具和一次性日用品，逾期不改者处1000元以上5000元以下罚款。

在一次性餐具使用方面，法国走在了世界各国的前面。据环球网 2018 年 1 月 30 日的报道称，根据法国保护生物多样性法案的规定，从 2018 年 1 月 1 日起，法国所有含有塑料微粒的化妆品都要下架，家用塑料棉花棒和一次性塑料餐具也于 2020 年 1 月 1 日起被禁止出售。同时，报道称法国限制一次性塑料餐具和杯子的法律于 2020 年 1 月 1 日起生效，目标是到 2020 年减少 50% 的一次性塑料餐具使用量，到 2025 年减少 60%。届时，餐饮外卖只允许使用合成材料中至少含有一种生态环保材质的一次性餐具（见图 4.25）。

▶ 图 4.25　环保型一次性餐具

4.3.5　在户外游玩时

（1）减少塑料瓶装水，提倡自带白开水

1）用量惊人的塑料瓶

据估计，2010～2020 年，亚洲地区的瓶装水需求将会增长 140%，占全球瓶装水需求总量的 1/3。其中，中国是领跑者。2015 年，全球对于聚对苯二甲酸乙二醇酯（PET）材质瓶子的需求中有 28% 来自中国。2016 年，中国消费者购买了 738 亿瓶瓶装水，比前一年增长了 50 亿瓶。背后的原因是中产阶层的不断扩大和工资收入的提升。塑料瓶已经变得无处不在，塑料

瓶既带来了经济机遇，也带来了环境挑战（见图4.26）。尤其是中国的大城市都缺乏有效的回收机制，而是依靠非正式的垃圾回收渠道。

▶ 图4.26 室外随意丢弃的塑料瓶

2）塑料瓶装水质量堪忧

塑料瓶除了使用量激增之外，瓶装水的质量也令人担忧。一项2018年3月由美国奥普传媒集团和纽约州立大学人员共同完成的研究发现，瓶装水普遍存在塑料微粒问题，93%的瓶装水样品中都有塑料微粒。

塑料微粒的直径小于5mm。该研究对来自9个国家11个知名品牌的250瓶瓶装水进行了检测，仅17瓶水没发现塑料微粒。平均每升水含10个塑料微粒，这些颗粒比头发略粗，更小的颗粒为平均每升水314个。研究发现瓶装水中的塑料微粒数量约是自来水的2倍，这说明，这些塑料微粒除了来自水源外，还有一部分可能来自瓶子，即包装。

塑料微粒可能本身毒性小或没有毒性，但由于颗粒小，有疏水性等特征，是持久性有机污染物等有毒有害化学物质的载体。其表面除了吸附有机污染物外，还会吸附金属元素、纳米颗粒等。

3）海洋塑料污染

2010年，有高达480万~1270万吨塑料垃圾流入了海洋，相当于每分钟都有一卡车装载量的塑料垃圾被倒入海洋（见图4.27）。照这样的速度继续下去，2050年海洋塑料垃圾的重量就会超过所有的鱼类。大量塑料瓶在使用之后就被丢弃，最终流入海洋，塑料饮料瓶是海洋塑料污染的主要来源之一。全球范围内，86%的塑料没有被完全回收。

▶ 图4.27　每年大量的塑料制品进入海洋

在全球，PET塑料瓶及瓶盖是被冲上海滩最常见的物品（见图4.28）。每分钟都有相当于一卡车装载量的塑料垃圾被倒入海洋，而每一秒钟就有3400个可口可乐塑料瓶被丢掉。这种污染不仅影响美观，同时也对海洋环境造成了严重破坏。

▶ 图4.28　海水表面漂浮的塑料瓶

生活中使用的品类繁多的塑料制品，由于没有得到有效回收利用从而进入海洋，除了经常见到的塑料瓶之外，还有其他各式各样的塑料制品（见图4.29）。有一些塑料制品进入海洋之后，由于其形状各异，有一些会直接成为谋害海洋动物的"凶器"（见图4.30）。

▶ 图 4.29　海洋中各式各样的塑料制品

▶ 图 4.30　被塑料制品禁锢的乌龟

由于塑料难以降解，在洋流海浪的冲击下破碎成微塑料颗粒，据研究，我们今天的海洋中有五万亿个塑料碎片，连接起来足以围绕地球超过400周。部分微塑料由于形状像微生物，海洋鱼类和鸟类很难识别而作为食物误食，最终由于难以消化死亡（见图4.31）。这些塑料垃圾造成每年数十万海洋动物的死亡，还以微塑料、塑料碎片等形式出现在食物链中，进入到饮水中和餐桌上，影响人类健康。

▶ 图4.31 鸟体内发现塑料制品和碎片

（2）自带垃圾收集袋

随着各城市垃圾分类的逐渐推广，道路等公共场所逐渐撤销了垃圾桶。如杭州从2019年8月到2019年年底，沿街商铺都要撤桶入户，杭州主要道路上将不再出现容量为240L的标准垃圾桶（就是最常见的那种1m多高的大垃圾桶）。街头的果壳箱暂时不会减少，未来考虑逐步推进减量。这种方式虽然短期会给行人带来不便，但是长远来看对于垃圾分类来说是有益的。

可以看出，这种道路撤桶方式是借鉴了日本在垃圾分类过程中的一些做法。垃圾桶被撤离后，每个人产生的垃圾需要带回家自行投放，因此每人均需携带简易垃圾收集袋（见图4.32），通过自制垃圾收集袋不仅可以向其他人传达垃圾分类理念，而且还可以通过自制的收集袋颜色、款式体现个人的风格，是一种别样的时尚。

▶ 图 4.32 自己动手做简易垃圾收集袋

参考文献

[1] 德尔芬·葛林宝.给孩子的环保生态小百科[M].西安：陕西人民出版社，2018.

[2] 胡贵平.美丽中国之垃圾分类资源化[M].广州：广东科技出版社，2013.

[3] 徐帮学.环保总动员：垃圾变废为宝[M].石家庄：河北科学技术出版社，2013.

[4] 罗振.垃圾资源化：你应该做的50件事[M].北京：化学工业出版社，2014.

[5] 高英杰，唐在林.垃圾分类[M].北京：化学工业出版社，2016.

[6] 冀海波.环保总动员：城市生活垃圾分类处理[M].石家庄：河北科学技术出版社，2013.

[7] 陈伟珂.社区生活垃圾分类与处置一点通[M].天津：天津大学出版社，2017.

[8] 郑中原.垃圾分类指导手册（居民版）[M].北京：人民交通出版社，2019.

[9] 郑中原.垃圾分类科普宝典（青少版）[M].北京：人民交通出版社，2019.

[10] 姚凤根，朱水元，何晟.生活垃圾分类指导手册[M].苏州：苏州大学出版社，2012.

[11] 上海东方宣传教育服务中心.垃圾分类市民读本[M].上海：上海人民出版社，2019.

[12] 山本耕平，寄本胜美，刘建男.垃圾分类从你我开始[M].长春：吉林文史出版社，2011.

[13] 上海上影大耳朵图图影视传媒有限公司. 大耳朵图图系列：图图的智慧王国·逻辑推理训练·垃圾分类 [M]. 北京：东方出版社，2013.

[14] 曾刚，朱锦. 上海市生活垃圾分类知识读本（小学生版）[M]. 上海：华东师范大学出版社，2018.

[15] 赵由才. 固体废物处理与资源化技术 [M]. 上海：同济大学出版社，2015.

[16] 赵由才，牛冬杰，柴晓利. 固体废物处理与资源化 [M]. 北京：化学工业出版社，2019.

[17] 赵由才. 生活垃圾处理与资源化 [M]. 北京：化学工业出版社，2016.

[18] 陈善平，赵爱华、赵由才. 生活垃圾处理与处置 [M]. 郑州：河南科学技术出版社，2017.

[19] 赵由才，黄仁华. 生活垃圾卫生填埋场现场运行指南 [M]. 北京：化学工业出版社，2001.

[20] 张益，赵由才. 生活垃圾焚烧技术 [M]. 北京：化学工业出版社，2000.

[21] 边炳鑫，张鸿波，赵由才. 固体废物预处理与分选技术 [M]. 第二版. 北京：化学工业出版社，2017.

[22] 赵天涛，梅娟，赵由才. 固体废物堆肥原理与技术 [M]. 第二版. 北京：化学工业出版社，2017.

[23] 孙晓杰，赵由才. 环境保护知识丛书日常生活中的环境保护——我们的防护小策略 [M]. 北京：冶金工业出版社，2013.

[24] 唐平，潘新潮，赵由才. 环境保护知识丛书生活垃圾——前世今生 [M]. 北京：冶金工业出版社，2012.

[25] 赵由才，等. 可持续生活垃圾处理与处置 [M]. 北京：化学工业出版社，2007.

[26] 王罗春，赵爱华，赵由才. 生活垃圾收集与运输 [M]. 北京：化学工业出版社，2006.